Sibylle Horger-Thies

100 Minuten für den kompetenten Auftritt

Sibylle Horger-Thies

100 Minuten für den kompetenten Auftritt

Persönlichkeitstraining
nicht nur für Techniker, Ingenieure und Informatiker

Mit 9 Abbildungen

PRAXIS

VIEWEG+
TEUBNER

Bibliografische Information der Deutschen Nationalbibliothek
Die Deutsche Nationalbibliothek verzeichnet diese Publikation in der
Deutschen Nationalbibliografie; detaillierte bibliografische Daten sind im Internet über
<http://dnb.d-nb.de> abrufbar.

Das in diesem Werk enthaltene Programm-Material ist mit keiner Verpflichtung oder Garantie irgendeiner Art verbunden. Der Autor übernimmt infolgedessen keine Verantwortung und wird keine daraus folgende oder sonstige Haftung übernehmen, die auf irgendeine Art aus der Benutzung dieses Programm-Materials oder Teilen davon entsteht.

Höchste inhaltliche und technische Qualität unserer Produkte ist unser Ziel. Bei der Produktion und Auslieferung unserer Bücher wollen wir die Umwelt schonen: Dieses Buch ist auf säurefreiem und chlorfrei gebleichtem Papier gedruckt. Die Einschweißfolie besteht aus Polyäthylen und damit aus organischen Grundstoffen, die weder bei der Herstellung noch bei der Verbrennung Schadstoffe freisetzen.

1. Auflage 2011

Umschlaggestaltung: KünkelLopka Medienentwicklung, Heidelberg
Gedruckt auf säurefreiem und chlorfrei gebleichtem Papier

ISBN 978-3-8348-1538-5

Inhaltsverzeichnis

Vorwort

Ob beruflich oder privat, wir stehen quasi immer im Scheinwerferlicht. Allein durch unsere Anwesenheit rücken wir in den Blickwinkel aller Menschen um uns herum und sie betrachten und beurteilen uns. Wie wir uns darstellen, wird vom Gegenüber ständig bewertet, bewusst oder unbewusst.

Überall, wo wir uns befinden, sind wir nicht nur, sondern wir wirken auch, ob wir dies nun beabsichtigen oder nicht. Dessen sind sich die meisten nicht bewusst. Seit 30 Jahren stehe ich als Dozentin vor Menschen und bringe ihnen etwas bei. Bei Hochschulabsolventen im Ingenieurwesen habe ich bemerkt, dass während des Studiums kaum Wert auf Soft Skills gelegt wird, aber irgendwann verlangt wird, dass man es trotzdem kann.

Dann beobachte ich häufig, wie Menschen in Seminaren schon nach einigen gezielten Hinweisen erstaunliche Verhaltensänderungen in Richtung eines sicheren Auftretens zeigen. Da ich häufig Videoaufnahmen einsetze, sind die positiven Veränderungen sowohl für den Betroffenen als auch für die anderen schnell sichtbar gemacht. Weil mir wichtig ist, diese Erfahrungen und Erkenntnisse einer größeren Gruppe von Menschen zur Verfügung zu stellen, habe ich die Idee zu diesem Buch entwickelt.

Ziel des Buches ist es, Hinweise über innerpsychische Vorgänge zu geben, um durch die damit ausgelösten Impulse, bewusst in die Steuerung der eigenen Reaktionen und des eigenen Ausdrucks zu gehen. Die Veränderung auf der Verhaltensebene wird schnell augenscheinlich. Weil es sich hier nicht um Schauspielerei handelt, ist das ein Weg, um die eigene Ausstrahlung echter und authentischer zu gestalten. Unbedingt muss dieser Weg über den Körper gehen. Es hilft nicht, sich lediglich einzutrichtern: „Du bist super" oder „Chaka, du schaffst es". Das können zwar hilfreiche Affirmationen sein, wenn wir sie jedoch nur denken, dann zeigt der Körper nach wie vor das, möglicherweise immer noch vorhandene, niedrige Selbstwertgefühl.

Nun ist es mein Anliegen, Sie dazu anzuregen, eine Übereinstimmung zu erzielen zwischen Ihrem Denken und Ihrer persönlichen Ausstrahlung, denn dies ist für jedes öffentliche Auftreten besonders wichtig.

Für wen schreibe ich?

- Ich möchte Leser aus dem Ingenieur- und Informatikerbereich ansprechen, die sich dafür interessieren, welche Erkenntnisse die angewandte Psychologie in Hinblick auf das Auftreten eines Menschen gefunden hat.
- Für Leser, die an sich arbeiten möchten statt zu sagen „ich möchte so bleiben wie ich bin".
- Für Menschen, die weiterkommen wollen und entschlossen sind, innerlich und äußerlich andere Wege als bisher zu gehen.

In meinem Buch drücke ich komplizierte Inhalte auf eine einfache Weise aus, denn ich schreibe für den Laien und für den Experten. Manchmal verzichte ich auf Komplexität zugunsten der Verständlichkeit.

Wenn ich in Beispielen Fälle schildere, dann sind dies keine realen Personen und Orte, sondern zusammengesetzte Details aus verschiedenen von mir erlebten Situationen. Die verwendeten Namen sind frei erfunden.

Gebrauchsanweisung:

Ich habe das Buch so gestaltet, dass die einzelnen Kapitel einerseits aufeinander aufbauen. Andererseits sind alle so geformt, dass Sie jederzeit vorblättern und bei dem Kapitel weiterlesen können, das Sie im Moment mehr interessiert. Dadurch sind einige Wiederholungsschleifen und Doppelungen, vom didaktischen Standpunkt her betrachtet, durchaus gewollt. Ich hoffe, mir ist es dadurch gelungen, sehr leserfreundlich zu sein. Sprichworte, die ich treffend finde und wenn ich etwas besonders hervorheben möchte, habe ich *kursiv* geschrieben.

Mir lag etwas daran, ein Buch zu schreiben, das nicht nur zum Lesen lockt, sondern Ihnen darüber hinaus auch sehr praktische Hinweise gibt, die Sie regelrecht üben können. Deshalb habe ich häufig Übungen eingestreut. Empfehlenswert ist es, nicht nur für Auftritte, sondern vielleicht auch beim Lesen immer mal wieder innezuhalten, um eine Körperübung zu absolvieren. Denn erst wenn wir den Körper, der ja genau wie unser Gehirn all unsere Erfahrungen und Erlebnisse erinnert, mitnehmen und er sich fröhlich und offen der Welt entgegenstreckt, erst dann haben wir den kompetenten Auftritt erreicht.

Des weiteren möchte ich Ihnen den Vorschlag machen: schaffen Sie sich ein hübsches Buch an, das Sie bei sich tragen können – vielleicht mit ganz neutralem Umschlag. Hier, ich nenne es Selbstbuch, können Sie in Zukunft Ihre Gedanken und Ideen notieren, um festzuhalten, was Ihre Gefühle sind und damit keine Ihrer Schlussfolgerungen verloren gehen. Sie können sich auch einen anderen Namen ausdenken. Ich werde ab sofort den Begriff Selbstbuch verwenden.

Die Idee, die dahinter steckt, dient der Qualitätsverbesserung. Ich will Sie dabei unterstützen, Ihre Selbstvermarktung über Ihren ganz persönlichen Qualitätszirkel zu verbessern. Dies geht aber nur, wenn Sie sich immer mal wieder bestimmte erneut auftretende Verhaltensabläufe vor Augen halten. Erst wenn Ihnen klargeworden ist, was Sie tun oder unterlassen, sind Sie in der Lage, Veränderungsschritte einzuleiten. Als Selbstvermarkter haben Sie Ihr Tool mit dabei und leiten so bewusst verändertes Verhalten ein. Sie sind dann Schriftführer, Erfahrungsträger, Qualitätsbeauftragter und Projektleiter zugleich.

Ich danke meinem Mann Marcus Grande für seine liebevollen und manchmal auch recht strengen Hinweise verbunden mit vielen Randanmerkungen beim Korrekturlesen wie „Was willst du damit sagen" und „Woher weiß der Leser das?", mit denen er mich immer wieder an Sie erinnert hat. Ebenfalls möchte ich meinem Sohn Daniel Thies danken, der mich als junger Sportlehrer durch seine witzigen Tipps und sachdienlichen Hinweise als angehender Psychologe immer wieder in die Jetztzeit zurückgeholt hat. Besonders hilfreich waren auch die ausgezeichneten Denkanstöße von Frau Dr. Roß und Frau Mithöfer vom Vieweg+Teubner Verlag.

Wenn es mir gelingt, Sie mit meinen Inhalten zu erreichen, dann macht mich das glücklich! Ich wünsche mir, Sie damit bei Ihren künftigen Auftritten unterstützen zu können. Sehr freuen würde ich mich auch, wenn Sie dieses Buch ab und zu wieder zur Hand nehmen, um etwas nachzulesen oder um eine der Übungen nachzuvollziehen.

Viel Spaß beim Lesen!

Sibylle Horger-Thies Im März 2011

Auftritt in der großen Arena

Foto: Sibylle Horger-Thies

1 Positive und sichere Ausstrahlung

Gerade in Deutschland herrscht die Meinung vor, dass die fachliche Kompetenz entscheidend für den beruflichen Erfolg sei. Einige meinen sogar, irgendwann würde doch endlich jemand merken, welche starken Leistungen sie vollbringen. So warten sie Jahr für Jahr quasi auf die Erfüllung ihrer Wünsche und das klappt so nicht. Stattdessen werden sie von anderen überholt, die vielleicht fachlich weniger gut sind, aber einfach besser in der Lage sind, sich zu präsentieren. Das ist fatal, denn meist sind es nicht die guten Ergebnisse, die überzeugen, sondern die Personen, die dahinterstehen. Eine Identität zu finden, ist schwer.

Charisma
Wer wünschte sich da nicht, eine charismatische Persönlichkeit zu werden? Der Begriff Charisma stammt aus dem Griechischen und bedeutet „Gnadengabe", „aus Wohlwollen gespendete Gabe" und wird häufig im religiösen Kontext verwendet. Mir erscheint die moderne Interpretation interessant. Charismatischen Menschen gelingt es, andere in ihren Bann zu ziehen. Kaum betreten sie einen Raum, richten sich die Blicke aller auf sie. Wenn wir bei einem Politiker oder einer Führungspersönlichkeit von Charisma reden, so denken wir vor allem an seine Ausstrahlung. Charisma ist ein eher abstrakter Begriff, aber eine charismatische Person kann beeinflussen, etwas bewirken und ist meist rhetorisch erfolgreich. Wir können hier an bekannte Personen wie Kennedy, Gandhi, Schröder und viele andere denken.

Der britische Psychologe Professor Richard Wiseman [Wiseman] von der Universität Hertfordshire hat drei Eigenschaften charismatischer Personen festgestellt (sinngemäß dargestellt):

- sie können Emotionen sehr stark fühlen
- sie sind fähig, auch andere Menschen starke Gefühle empfinden zu lassen
- sie sind resistent gegenüber Einflüssen anderer charismatischer Menschen

Inwiefern hilft Charisma?

N.B Enkelmann [Enkelmann] sagt: Charisma ist nicht gottgegeben, vielmehr ist es die Summe aus Selbstbewusstsein, Energie, Überzeugungskraft und Charme und jeder trägt die Fähigkeit in sich, Charisma zu entwickeln.

Die meisten charismatischen Persönlichkeiten haben ein starkes Selbstbewusstsein. Sie sind von sich überzeugt, kennen ihre Stärken und akzeptieren ihre Schwächen. Meistens sind sie sogar ein wenig „selbstverliebt" bzw. narzisstisch. Sie haben Spaß daran, sich vor Menschen darzustellen und stehen gern im Mittelpunkt. Charismatische Menschen richten auch in schwierigen Phasen ihres Lebens einen optimistischen Blick auf ihre Zukunft. Damit überzeugen sie auch andere. Da der charismatische Typ seine Gefühle zeigt, wirkt er vital und voller Energie. Im Gegensatz dazu stehen Menschen, die ihre Gefühle verbergen, denn sie erscheinen eher steif, diszipliniert und bürokratisch.

Der charismatische Politiker wird nur manchmal geboren. Auch charismatische Redner haben keine besonderen Gene. Sie können davon ausgehen, je häufiger Sie öffentlich reden, desto eher können Sie Charisma entwickeln. Vielleicht haben Sie schon einmal verfolgt, wie sich die Ehepartner von Politikern, je öfter Sie im Scheinwerferlicht stehen, immer glanzvoller entwickeln, weg von der anfangs vielleicht „grauen Maus". Nutzen deshalb auch Sie jede Möglichkeit, in der Öffentlichkeit zu reden, um Ihre Ausstrahlung zu verbessern.

Charisma kann entwickelt werden. Verbessern Sie Ihr Selbstbewusstsein und trainieren Sie einen optimistischen, gelassenen Blick in die Zukunft. Lernen Sie, Ihre Emotionen stark zu empfinden und lassen Sie auch andere daran teilhaben. Lassen Sie sich nicht beirren durch Menschen, die schon charismatischer sind als Sie selbst. Teilen Sie Gefühle der Freude einfach mit, wenn Sie durch sie durchströmt werden.

Wie bekommen Sie mehr Charisma?

Für Sie bedeutet das, seien Sie überzeugt von sich und stellen Sie Ihre Zweifel nach hinten. Denken Sie an Ihre Stärken und nehmen sich so wie Sie sind. Versuchen Sie, auch positiv auf das Zukünftige zu sehen und arbeiten aktiv an der Verwirklichung Ihrer Vorhaben. Möchten Sie die Herzen der anderen gewinnen, dann müssen auch Sie sich mit Herz zeigen und nicht nur Ihren Verstand aufblitzen lassen. Stehen Sie deshalb auch zu Ihren negativen Gefühlen.

Und schließlich noch ein Wort in punkto Begeisterung und Leidenschaftlichkeit. In bezug auf Charisma geht es ohne gar nicht! Nur wenn Sie voll dahinterstehen, Spaß daran haben, vermitteln Sie diese Freude auch an die Menschen, die Ihnen zuhören. Für Sie heißt das:

„Machen Sie Ihren Beruf zur Berufung und zeigen Sie es! Dann springt der Funke schnell über."

Um charismatischer zu wirken, gebe ich Ihnen folgende Tipps: Intensivieren Sie Ihre Ausstrahlung, indem Sie versuchen, die emotionale Atmosphäre zu prägen. Deshalb pflegen Sie eine offene Körpersprache, berühren zum Beispiel andere kurz am Oberarm, während Sie sprechen und nicken teilnahmsvoll beim Zuhören. Sprechen Sie mit möglichst einprägsamen Formulierungen, bei denen der Zuhörer Bilder sehen kann. Ständige Veränderung von Tonlage und Sprechgeschwindigkeit fesseln die Aufmerksamkeit. Lassen Sie andere wissen, wie wichtig sie Ihnen sind. Ein ehrliches Lächeln ist besonders hilfreich. Denken Sie einfach an etwas, was Sie beim Gegenüber mögen.

Warum wohl wirken charismatische Persönlichkeiten oft ausgeglichen und in sich ruhend? Diese Zentrierung kommt ebenfalls nicht von selbst. Bei Befragungen hören Sie immer, dass dieser Mensch etwas dafür getan hat. Nutzen deshalb auch Sie Entspannungsmethoden, um so ausgeglichener zu werden. Nehmen Sie sich Auszeiten, um nicht auszubrennen.

Grundsätzliches zur Entspannung

Alle Entspannungen oder Meditationen arbeiten mit Formeln. Diese sprechen Körpergefühle und Gedanken an. Über das Zur-Ruhe-Kommen des Atems geht es zu Wärme- und Schweregefühlen. Die Gedanken werden entweder ausgeblendet, zentriert oder in Fantasiebereiche geführt.

Mögliche Formeln:
- dein Atem geht ruhig und gleichmäßig
- du fühlst dich warm an
- du fühlst dich schwer an
- deine Gedanken kommen und gehen
- dein Kopf fühlt sich leicht und kühl an
- du fühlst dich angenehm und entspannt

Übung für Entspannungen
- Mein Atem geht ruhig und gleichmäßig: *ein und aus* (im Atemrhythmus drei bis viermal wiederholen).
- Alle Geräusche in der Umgebung helfen mir dabei, mich zu entspannen.
- Mein Herz schlägt *ruhig und gleichmäßig* (drei bis viermal wiederholen).
- Gliedmaße wie Arme, Hände, Beine und Füße nacheinander durchgehen: Mein rechter Arm fühlt sich warm an, *so richtig angenehm warm*...
- Mein Kopf fühlt sich *leicht und kühl* an, als würde er von einer leichten Sommerbrise gestreichelt. Meine Gedanken kommen und gehen und das ist gut so. Zuerst ist es vielleicht nur ein Gedanke oder es sind viele Gedanken auf einmal. Das ist in Ordnung.
- Schließlich fühlt sich mein ganzer Körper warm und schwer an und mein Kopf leicht und kühl.
- Während ich ruhig weiter atme, spüre ich, wie ich mich *immer mehr entspanne und mich wohlfühle.*

Probieren Sie es aus und stellen Sie sich Ihre eigene Entspannungsübung zusammen. Je häufiger Sie diese Formeln üben, desto schneller bringen Sie sich zur Ruhe und zur Konzentration. Dies ist sehr hilfreich, weil Sie dadurch all Ihre Kräfte besser bündeln können und Störeinflüsse automatisch ausgeblendet werden.

Auf diesen Punkt werde ich im Kapitel „Stressfaktoren und Wege zu mehr Gelassenheit" noch ausführlich eingehen.

Charisma ist nicht angeboren, sondern erarbeitet. Stehen Sie zu Ihren Gefühlen und behalten Sie auch in schwierigen Phasen einen optimistischen Blick auf die Zukunft. Verwenden Sie Entspannungsmethoden, denn diese führen zu mehr Ausgeglichenheit.

Natürlich entscheidet jeder selbst, wie er bestimmte Seiten von sich besser darstellen kann: ob er blass und unscheinbar herüberkommt oder lebendig und beeindruckend erscheint. Je emotionaler und lebhafter Sie sich dabei zeigen, je begeisterter Sie von Ihren Thesen oder Ansichten sind, desto farbiger und interessanter werden Sie auch von den anderen wahrgenommen.

Begeisterung erzeugt Begeisterung. Wenn ich dagegen selbst nicht an mich und meine Aussagen glaube, wer sollte es sonst tun? Nur wer selbst überzeugt ist, kann auch andere überzeugen. Wenn ich zweiflerisch auftrete, werden auch die anderen an mir zweifeln. Es ist also wichtig, ein gutes Gefühl für eine Sache zu entwickeln und dieses nach außen darzustellen.

> Nur wer überzeugt ist, kann andere überzeugen. Senden Sie starke Signale aus, indem Sie sich emotional und lebhaft zeigen.

1.1 Für wen schreibe ich?

In verschiedenen Seminaren für Ingenieure, Informatiker, Techniker, Nachwuchskräfte und Young Professionals sowie in Kompetenzkursen für angehende Ingenieure an der Hochschule bemerkte ich, dass neben der fachlichen Kompetenz ein großer Bedarf an Sozialkompetenzfähigkeiten, man kann auch sagen „Schlüsselqualifikationen", besteht. Das sind: Kommunikation und Kenntnisse in Small Talk, Argumentation, Moderation, Präsentation, Konfliktlösetechniken, Rhetorik, Business-Knigge und andere Fähigkeiten. Sie scheinen während des Studiums oder der Ausbildung etwas zu kurz gekommen zu sein.

Ich möchte Frauen sowie Männer gleichermaßen ansprechen. Bitte fühlen Sie sich als Frau direkt angesprochen, auch wenn ich die Worte man, jemand, dieser, derjenige verwende und nicht die weibliche Form. Ich halte das aus Bequemlichkeitsgründen so, aber Sie können versichert sein, dass ich beide Teile der Menschheit achte und niemanden bevorzugen oder benachteiligen möchte. Meine Zielgruppe sind Frauen, Männer, Studierende, Hochschulabsolventen, Ingenieure, Techniker, Berufsanfänger, Nachwuchsführungskräfte und alle anderen, die ihren Auftritt verbessern möchten.

Spätestens, wenn der Berufsanfänger daran geht, sich gegen Ende des Studiums zu bewerben, stellt er fest: es ist zum einen schwer zu definieren, was er bislang gemacht hat und zum anderen noch schwerer zu beschreiben, wer er ist und was seine Stärken sind. Es werden Fähigkeiten und Kenntnisse von ihm verlangt, die er während des Studiums so nicht gelernt hat. Da ich häufig in Industrieunternehmen Schulungen durchführe, bin ich oft mit der Personengruppe aus dem Ingenieur-, Informatiker- und Technikerbereich konfrontiert und kenne deren Lücken und ihren Bedarf.

Zuerst geht es darum, eine geeignete Stelle zu finden. Bald wird dann deutlich – und das ist doch durchaus hoffnungsvoll – hat mal erst einmal den akademischen Abschluss oder eine andere Zulassung für die Welt der Arbeit erreicht, eröffnen sich für unterschiedliche Menschen sehr unterschiedliche Berufsmöglichkeiten. An dieser Stelle kann ich Sie nur ermutigen: „Seien Sie bei der Stellensuche einfallsreich, kreativ und findig!"

Meine Zielgruppe sind Frauen, Männer, Studierende, Berufsanfänger, Young Professionals, Hochschulabsolventen, Ingenieure, Informatiker, Techniker, Nachwuchsführungskräfte.

Ist es Ihnen schon gelungen, einen interessanten Arbeitsplatz zu ergattern, dann gilt es, die Probezeit erfolgreich zu überstehen und womöglich in ein unbefristetes Arbeitsverhältnis übernommen zu werden. Haben Sie das auch geschafft, dann werden Sie die Spuren, die Sie während der Probezeit gelegt haben, vertiefen, um Ihren eigenen Stand in der Firma zu festigen.

Beispiel

In einer Firma, deren Mitarbeiter ich berate, wurde ein Elektroingenieur mit hervorragenden Noten eingestellt, frisch von der Uni weg. Sein Studium hatte er in schnellster Zeit absolviert, ein Berufsanfänger mit Potenzial. In der Abteilung, in der er eingesetzt war, brachte er auch bald gute Ergebnisse und arbeitete sich rasend schnell ein. Ebenso schnell wurde jedoch deutlich, dass besagter Berufsanfänger sehr geringe soziale Fähigkeiten hatte. Er arbeitete pausenlos, niemals hat jemand in einer Pause mit ihm gesprochen. Nach einigen Wochen wurde deutlich, woran das lag. Jeweils in den Pausen machte er einen Spaziergang oder war sonst fort, so kam er nie in die Verlegenheit, sich mit jemandem zu unterhalten.

Die menschlichste aller Kontaktaufnahmen ist aber nun einmal das Gespräch, obwohl Tiere sich natürlich auch mit Lauten verständigen. Beim Menschen gibt es eine breite Palette von Themen, die zur Auswahl stehen.

Das ist nun sicherlich ein extremes Beispiel, das leider ein negatives Ende fand, denn der junger Mann wurde nach der Probezeit nicht übernommen. Er hatte zwar eine Superausbildung und sehr gute fachliche Fähigkeiten, aber über sein Verhalten war weder gewährleistet, dass er gut in Teams würde arbeiten können noch wäre er in der Lage gewesen, gute Beziehungen zu Kunden aufzubauen.

Schade, aber dieses Beispiel soll verdeutlichen, wie sinnvoll es ist, neben den beruflichen Kompetenzen und all dem Fachwissen, das Sie sich angeeignet haben, auch Wert auf die kommunikativen Fähigkeiten zu legen.

Viele Menschen quälen sich ein Leben lang mit Sprechangst und übergroßem Lampenfieber herum. Achtzig Prozent aller Deutschen kennen das Gefühl, das unseren Körper durcheinander bringt: Angst.

Interessant ist folgende Aufstellung mit 14 Punkten über Dinge, die Menschen Angst machen. Vielleicht baut es Sie auf, weil Sie ganz und gar nicht allein sind mit Ihren Sorgen, keinen kompetenten Auftritt hinzulegen:

1.	Öffentlich reden	41%	8.	Fliegen	18%
2.	Große Höhen	32%	9.	Einsamkeit	14%
3.	Ungeziefer/ Insekten	22%	10.	Hunde	11%
4.	Geldsorgen	22%	11.	Autos steuern / Mitfahren	9%
5.	Tiefes Wasser	22%	12.	Dunkelheit	8%
6.	Krankheit / Erbrechen	19%	13.	Fahrstühle	8%
7.	Tod	19%	14.	Rolltreppen	5%

(Aus: »The Book of Lists«, William Morrow Inc., New York)

Hätten Sie gedacht, dass das öffentliche Reden an erster Stelle steht? Es gibt also kaum eine Fähigkeit, die Menschen besser hilft, im Leben weiterzukommen als gut zu reden: sich klar und deutlich vor einzelnen oder vor einer Gruppe ausdrücken zu können.

Aus diesem Grund möchte ich mit diesem Buch erreichen, dass auch schüchterne Menschen den ersten Schritt in das Reich der Rhetorik wagen. Ich möchte, dass Sie sich dabei innerlich freier fühlen und dadurch weniger Hemmungen haben.

Wenn Sie sich rhetorisch verbessern möchten, müssten Sie sich überlegen, worüber Sie am liebsten phänomenal reden möchten.

Anders ausgedrückt: Wenn Sie ein Anliegen haben, das Ihnen wirklich „unter den Nägeln brennt", werden Sie weniger rhetorische Probleme haben. Was den meisten fehlt, ist das brennende Verlangen, eine spezifische Botschaft zu senden. Der Rest ist eine einfache Technik. Beantworten Sie sich folgende Fragen:

„Wer sind meine Zuhörer?"

Stellen Sie sich dabei vor, auf der Stirn jedes Zuhörers steht ein Schild, worauf steht: „Was habe ich davon?" Wenn Sie sich auf die Beantwortung dieser Frage konzentrieren und sie nie aus dem Auge verlieren, sich also auf den Vorteil des Zuhörers konzentrieren, werden Sie automatisch die richtigen Worte finden.

„Was"?

Bringen Sie den Inhalt Ihrer Aussagen so anschaulich wie möglich - verwenden Sie Fallbeispiele und Vergleiche, bemühen Sie sich um eine bildhafte Sprache und Metaphern. So kann sich Ihr Hörer ein Bild machen.

„Was soll der Zuhörer tun?"

Wenn Sie appellieren, zu konkreten Handlungen aufrufen, dann sagen Sie klar, was man tun soll. Verkaufen Sie „Rezepte". „Man nehme ...!"

„Warum"?

Vergessen Sie nicht, Ihre Aufforderung zu begründen. Für alles gibt es ein Warum.

Ob Sie einen Menschen oder 1000 Zuhörer zu bestimmten Aktionen animieren wollen, ist gleichgültig. Die genannten Fragen sollten Sie sich immer stellen, wenn Sie Ihre Zuhörer erreichen möchten.

1.2   Was ist ein kompetenter Auftritt?

Gute Frage – was ist überhaupt ein Auftritt – und dann auch noch ein kompetenter? Ich verwende in diesem Buch die Worte Auftritt, Präsentation und Rede nicht immer ausdrücklich, denn dies sind nur die besonderen Höhepunkte oder Situationen, in denen Sie sich anderen Menschen präsentieren.

Als Auftritt bezeichne ich jede Begegnung mit anderen im beruflichen und privaten Alltag. Den Fokus lege ich auf die beruflichen Treffen. Die Punkte sind natürlich auch auf private Begegnungen übertragbar. Es ist immer Ihr Auftreten und Erscheinen vor anderen Menschen gemeint. Wenn Sie Ihrem Vorgesetzen, einem Kollegen oder einem Kunden im Gang, während der Mittagspause, auf dem Parkplatz, in der Kantine, auf einer Veranstaltung oder wo auch immer begegnen, jedes Mal ist es ein Auftritt. In allen Beispielen wirken Sie durch Ihr Erscheinen auf den anderen ein. Die Worte, die Sie sprechen oder nicht sprechen, jeder Ausdruck von Ihnen hinterlässt einen Eindruck bei Ihrem Gegenüber.

Beispiele für Auftritte
- Begegnung im Gang, Aufzug, Kantine, Veranstaltung im beruflichen und privaten Kontext
- Vorstellungsgespräch
- Seminar, Schulung, internes und externes Treffen
- Kunden-Treffen (Akquise, Projektbesprechung, Produktpräsentation, Anforderungs-Ermittlung)
- Besprechung mit Kollegen (Projektdurchsprache, Statusmeeting, Kickoff Projekt, Teammeeting)

Die Fakten und Hinweise, die ich in Bezug auf eine Präsentation nenne, sind immer auch passend auf jede andere Art von Auftritt. Hervorheben möchte ich in diesem Buch die Situation der Präsentation.

Als einen kompetenten Auftritt definiere ich, wenn Sie sich beim Zusammentreffen mit anderen Menschen sicher und wohl fühlen und gleichzeitig gewährleistet ist, dass Sie auch bei anderen Menschen, die Ihr Auftreten erleben, einen positiven Impuls setzen. Der gewünschte Eindruck, den Sie in Zukunft bei Ihren Mitmenschen erwecken möchten, umfasst die Begriffe: zielsicher, souverän und glaubwürdig.

Kompetenter Auftritt

- sich selbst sicher und wohl fühlen
- Selbstvertrauen und Kompetenz ausstrahlen
- souverän auftreten und souverän abgehen
- Aufmerksamkeit bekommen
- positive Impulse und Nutzen vermitteln
- die Zuhörer erreichen

Auftritt: kleine Alltagsbegegnungen mit Small Talk und Präsentationen, Gesprächsbeiträge in Diskussionen und Meetings, Vorträge und Reden. Ein Auftritt ist jedes Erscheinen vor anderen Menschen, das mit Kommunikation verknüpft ist. Ihr Auftritt ist kompetent, wenn andere ihn als positiven Impuls und als zielsicher, souverän und glaubwürdig empfinden.

1.2.1 Auftritt bei Alltagsbegegnungen

Wenn Sie Menschen neu treffen, stellen sich meist folgende Fragen: „Wie grüße ich?" „Wie spreche ich den anderen an?" „Wie setze ich das Gespräch fort?" „Wie beende ich es?" In bestimmten Jugendkreisen ist ein „Hallo" oder „He Sie" angebracht, jedoch für die meisten Erwachsenen keine gelungene Anrede. Was aber ist angemessen, wie komme ich nach der geeigneten Anrede in ein Gespräch?

Jeder tieferen Unterhaltung geht Small Talk voran. Das kleine oder leichte Gespräch, früher nannte man es Konversation, gehört zum beruflichen und gesellschaftlichen Leben und stellt heute sogar eine Schlüsselqualifikation dar. Damit tun sich viele schwer und es macht ihnen Mühe, mit Fremden ins Gespräch zu kommen.

Im Beruf, bei einer Feier, beim Essen, am Krankenbett, im Bundestag, überall wird geredet. Eigentlich müssten wir perfekt darin sein – leider ist das nicht so. Geht es bei privaten Feiern darum, sich zu unterhalten und einen angenehmen Abend zu verbringen, haben offizielle Anlässe oft ein Ziel. Man soll für seine Firma einen guten Eindruck machen, oder man möchte sich selbst im besten Licht präsentieren.

Menschen sprechen auf vielfältige Arten miteinander. Was alle Gesprächsarten auszeichnet ist die Gemeinsamkeit, dass es immer einen Sender gibt: das ist die Person, die eine Information weitergibt und einen Empfänger: das ist der Zuhörer oder der, an den sich der Sender mit seiner Nachricht wendet. Die beiden Rollen: Senden und empfangen wechseln ständig.

Jede Nachricht oder Information besitzt nach Friedemann Schulz von Thun [Schulz von Thun] vier Elemente: die Sachebene, den Appell, die Beziehungsebene und die Selbstoffenbarungsebene. Die Sachebene betrifft den Inhalt, den jemand vermitteln möchte. Sie ist neutral und ohne Emotion. Als Appell bezeichnet man die Wünsche oder Erwartungen, zu denen der Sender den Empfänger veranlassen will. Die Beziehungsebene umfasst das Verhältnis zwischen Sender und Empfänger, oft körpersprachlich erkennbar. Die Selbstoffenbarungsebene beschreibt, wie der Sender sich gerade fühlt oder wie seine Aussagen zu verstehen sind.

Die vier Aspekte einer Nachricht

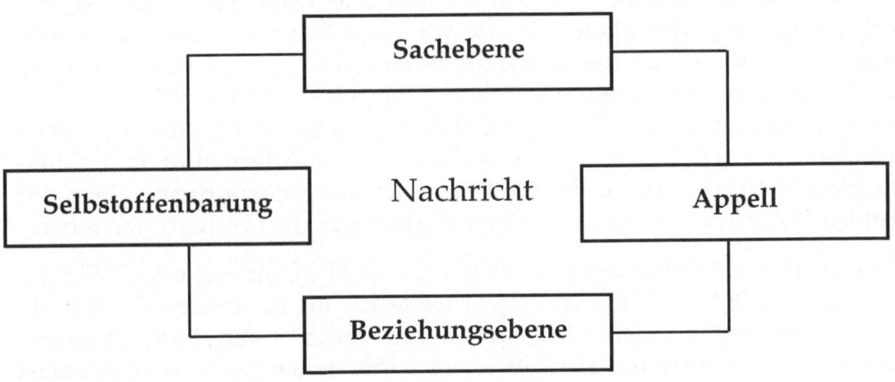

Abbildung 1-1: Die vier Aspekte einer Nachricht
Quelle: Erstellt nach Schulz von Thun

Bei einer Nachricht gilt es, alle vier Seiten zu berücksichtigen. Nun ist noch wichtig, auf welche Art der Sender sendet. Der Ausdruck ist die Summe der Signale, die der Gesprächspartner aussendet. Dies hinterlässt beim Empfänger einen Eindruck. Der macht deutlich, wie der Empfänger eine Aussage annimmt und interpretiert. Der Sender macht eine Aussage, gibt eine Information weiter. Über den Ausdruck des Senders wird dem Empfänger etwas über Einstellung und Haltung des Senders mitgeteilt.

Der Sender zeigt einen Teil seiner Persönlichkeit, er offenbart sich, er gibt sich selbst kund. Dadurch entsteht eine Beziehungsebene zum Gesprächspartner. Gerade diese Ebene muss besonders vorsichtig behandelt werden, da die meisten Menschen hier sehr verletzlich reagieren. Der Sender spricht bestimmte Wünsche und Erwartungen aus, die man als Appell bezeichnen kann.

Ein englisches Sprichwort sagt: „Sticks and stones can break my bones, but words can never hurt me." (Stöcke und Steine können mir die Knochen brechen, aber Worte können mich nicht verletzen.) Das scheint mir denn nur ein frommer Wunsch der Briten zu sein. Ich bin der Ansicht, dass vor allem Worte ziemlich gefährlich sein können.

Killerausdrücke
Unter dem Deckmantel gut gemeinter Warnungen übertragen viele negativ eingestellte Menschen ihre Ängste und ihre Mutlosigkeit auf uns. Wir erleben täglich, wie negative Worte von allen Seiten auf uns niederprasseln. Sie können die gute Laune zerstören. Wie oft hören Sie Sätze wie „Scheußliches Wetter heute", „Können Sie nicht aufpassen?", „So blöd kannst auch nur du sein", „Was hast du denn da wieder für einen Quatsch gemacht?", „So wird das doch nie was". Das alles sind Killerausdrücke für die Ausstrahlung desjenigen, der sie ausspricht. Denn wir fühlen uns instinktiv von Menschen abgestoßen, die uns herunterziehen.

Überprüfen Sie daher, was Sie sagen. Es ist ein Unterschied, ob Sie auf die Frage, wie Sie mit einem Projekt weiterkommen, äußern: „Kein Problem" oder ob Sie sagen: „Ich komme gut voran" oder „Es läuft ausgezeichnet". Die letzteren sind Aussagen, mit denen Sie sich auch selbst anders programmieren. Hinterfragen sie sich bei Ihren Aussagen am besten: Vermitteln Sie angenehme Gefühle? Unterstützen Sie Ihren Gegenüber mit Ihren Worten? Verbreiten Sie Hoffnung und Zuversicht?

Abgesehen davon, dass Sie sich gelassener fühlen, verbessern Sie dadurch auch Ihre Ausstrahlung ganz enorm. Auf einen Menschen zu treffen, der echten Optimismus ausstrahlt, ist wirklich wunderbar. Noch eine ganze Weile nach der Begegnung hält die belebende Wirkung an. In unserer Erinnerung bleibt sie als Sympathie für diesen Menschen zurück. Wenn Sie erkennen, wo Ihre hauptsächlichen Engpässe sind, kann ich Ihnen nur raten:

Beginnen Sie mit der Umsetzung sofort, denn heute ist der erste Tag vom Rest Ihres Lebens. Wie schon Erich Kästner sagte: „Es gibt nichts Gutes, außer man tut es!"

Tischgespräche

Bei Tisch eine politische Diskussion anzufangen, anstatt das Essen zu würdigen und zu genießen, spart zwar eventuell Zeit, aber fördert nicht gerade die Verdauung. Ein Tischgespräch hat die Aufgabe, eine leichte und freundliche Atmosphäre zu schaffen. Essen und Trinken sind bei Tisch immer ein gutes Gesprächsthema. Sparen Sie nicht mit Lob für das gute Essen. Ein Fehler wäre es, gleich danach dazu überzugehen, welche tollen Essen man kürzlich woanders genossen hat. Über Krankheiten und Operationen zu sprechen, ist nie ein gutes Small Talk Thema.

Themenwahl

Immer wieder erlebe ich in Gruppen, wie man sich über Leute unterhält, die nicht allen Anwesenden bekannt sind. Auch andere Themen, die nicht allen geläufig sind, streifen Sie bitte höchstens nur kurz. Wenn nicht jeder zu einem Thema etwas beitragen kann, dann ist es immer das falsche Thema. Oft werden Witze erzählt, wenn die Themen ausgehen. Bevor peinliches Schweigen eintritt, haben Witze ihre Berechtigung. Aber schlimm wird es, wenn der Witz das Schweigen auslöst.

Komplimente

Ein Spezialgebiet des Gesprächs sind Komplimente. Dem anderen einen freundlichen Satz, etwas Nettes zu sagen, bewirkt, dass der sich freut und Sie sympathisch findet. Ein nettes Kompliment ist immer willkommen – aber sagen Sie lieber nichts als eine läppische Bemerkung. Sprechen Sie nur ehrlich gemeintes Lob aus. Verteilen Sie Komplimente gerecht. Nur einer Person in einer größeren Gesellschaft Komplimente zu machen, ist für die anderen unangenehm. Auch die so gelobte Person fühlt sich nicht gut dabei.

Sprachwahl

Benutzen Sie nur Fremdwörter, die Sie auch verstehen. Nicht nur ihre wörtliche Bedeutung, sondern auch die Anwendung und grammatikalische Abwandlung. Wenn jemand in einer normalen Gesprächsrunde ständig alle möglichen Spezialausdrücke verwendet, erstickt er damit Unterhaltungen im Keim.

Achten Sie darauf, dass Ihr Dialekt auch verstanden wird. Verzichten Sie auf Kraftausdrücke. Die Kunst des Redens besteht darin, im richtigen Moment das Richtige zu sagen. Fünfzig Prozent des Gesprächs sollten aus Zuhören bestehen.

Wählen Sie nur Themen, die alle kennen. Erzählen Sie keine peinlichen Witze. Ehrliche Komplimente machen sympathisch. Achten Sie auf eine gute positive Sprache. Benutzen Sie nur Fremdwörter, die Sie verstehen. Fünfzig Prozent des Gesprächs bestehen aus Zuhören.

Small Talk lädt zum Gespräch ein
Fallen Sie anderen nicht ins Wort. Es gibt Gesprächspartner, die ständig unterbrechen, einzelne Wörter und Begriffe anzweifeln, obwohl noch nicht einmal der ganze Satz gesagt wurde. Solche Zeitgenossen gelten als besonders unangenehme Gesprächspartner, weshalb ich Ihnen diese Art der Gesprächsführung keinesfalls empfehlen kann.

Manche Menschen lassen ihre Augen herumirren auf der Suche nach anderen, neuen Partnern statt in einem guten Blickkontakt mit dem momentanen Gesprächspartner zu bleiben. Aber spricht man nicht lieber mit jemanden, der ersichtlich sehr gut zuhört und sich nicht gleich abwendet? Bleiben Sie deshalb in guten Blickkontakt. Wenn Sie von Ihrem Gesprächspartner genug haben oder jemand anderen kennen lernen möchten, spricht nichts dagegen, sich mit einem freundlichen Satz zu verabschieden: „Ich geh mal zum Buffet, also bis dann" oder „Ich sehe da drüben Bekannte, also bis später".

Spielen Sie sich nicht als Alleinunterhalter auf, um ins Gespräch zu kommen. Alle Gesprächspartner sollten gleichermaßen beteiligt sein, sonst schweifen sie ab oder langweilen sich. Anspielungen auf Kosten anderer sind völlig daneben. Dagegen ist es hilfreich, sich für den Gesprächspartner zu interessieren. Jeder Mensch hat etwas, das ihn interessant macht. Finden Sie heraus, was das ist!

Gute Themen für ein lockeres Gespräch:
   - Naheliegendes wie die Dekoration oder das Theaterstück, der Vortrag. Über fast alles: was jeder sehen, hören, riechen, schmecken oder fühlen kann
   - den Alltag: Filme, Bücher, Konzerte, die gerade aktuell sind
   - Urlaubserlebnisse

- Wetter
- Hobbys
- Bei Reisen eventuell Eindrücke wiedergeben über die Stadt, in der Sie sich befinden

Je mehr Sie über die Interessen Ihres Smalltalkpartners wissen, um so leichter finden Sie einen Einstieg. Wenn Sie merken, dass er keine Ahnung von den Themen hat, die Sie ansprechen, belehren Sie ihn nicht. Ein Gespräch sollte immer zweiseitig sein, sonst haben Sie einen gelangweilten Smalltalkpartner.

1.3 Ins Gespräch kommen und nicht auf Eis stoßen

Vielen Menschen fällt es schwer, mit anderen ins Gespräch zu kommen. Wie funktioniert das? Wie nähern Sie sich zum Beispiel neuen Geschäftspartnern, die Sie gezielt kennen lernen möchten? Eine nicht sehr gute Methode kann man bei vielen Mitmenschen auf Messen, Empfängen oder sonstigen Veranstaltungen beobachten: sie gucken zur Decke oder zum Boden, lesen Plakate, betätigen sich als Kunstkenner und verschlingen die ausgehängten Bilder minutenlang mit ihren Blicken, halten sich krampfhaft an ihren Gläsern fest oder beschäftigen sich ausgiebig mit ihrem Handy. Ob in der Kantine oder im Aufzug: Situationen, in denen intelligenter Smalltalk angesagt ist, gibt es fast täglich im Beruf. Smalltalk ist die hervorragende Möglichkeit, neue Kontakte zu knüpfen und alte zu vertiefen, was unentbehrlich für ein gutes Betriebsklima ist. Die gute Nachricht:

Wer als erster das Eis bricht, hat die Sympathien schon auf seiner Seite und findet bestimmt jemanden, der den Faden weiterspinnt.

Und wenn wir schon mal beim Eis sind, stelle ich Ihnen ein Modell vor, das auf der Persönlichkeitstheorie Sigmund Freuds basiert.

Abbildung 1-2: Eisbergmodell
Quelle: Nach Sigmund Freud – Eisberg des Bewusstseins

Die Metapher „Eisberg" hat Ernest Hemingway als Beschreibung seines literarischen Stils bekannt gemacht: Kommunikation ist vor allem deshalb schwierig, weil sich nur ein geringer Teil der Gesprächsinhalte auf einer bewussten Ebene befindet. Der Rest ist sozusagen unter der Wasseroberfläche, ähnlich wie bei einem Eisberg, bei dem auch nur der kleinere Teil sichtbar ist.

Und wer schon einmal von dem furchtbaren Schiffsunglück, verursacht durch einen Eisberg in den zwanziger Jahren des letzten Jahrhunderts gehört hat oder den Film die „Titanic" gesehen hat, der kann verstehen, wie leicht auch die Kommunikation auf Eis laufen kann.

Das Eisbergmodell der Kommunikation habe ich auf vier Ebenen übertragen. Diese spielen sich im Business immer gleichzeitig ab; und das sieht folgendermaßen aus:

–   Sichtbar ist die Ebene der Sache, das sind etwa 10 Prozent: Sie bezieht sich auf ZDF (Zahlen, Daten, Fakten), Ziele, Kognition, Bewusstsein, Absichten, Verarbeitungsprozesse und Aufgaben.

- Ebenfalls zu sehen ist die Ebene der Geschäftsordnung, das sind etwa weitere 10 Prozent: Sie bezieht sich auf Verfahrensregelungen, Befugnisse, Standards, Entscheidungsverfahren und Ähnliches.
- Die Ebene des Betriebsklimas ist schon unsichtbar und unter der Wasseroberfläche: Sie bezieht sich auf soziale Beziehungen, Erwartungen, Gefühle, Ängste, Motive, Offenheit, Vertrauen.
- Die Ebene das Unbewusste ist die tiefste. Sie ist ebenfalls unsichtbar und beträgt zusammen mit dem Betriebsklima etwa 80 Prozent: Sie bezieht sich auf Bereiche, die dem Bewusstsein nicht zugänglich sind, also Träume, unbewusste Ängste, Bedürfnisse oder Verhaltensmuster.

Wenn Sie in Zukunft berücksichtigen, dass Kommunikationsprobleme ihre Ursache häufig in einer der darunter liegenden Ebenen haben, werden Sie keine peinlichen Schweigepausen mehr erleben. Achten Sie darauf, niemanden über eine leicht dahingesagte Floskel zu kränken. Ob in kleinen oder größeren Gruppen, Sie werden angenehme Gespräche führen.

Ich empfehle Ihnen, früh auf Veranstaltungen zu gehen, dann stellen sich die anderen zu Ihnen dazu. Wählen Sie einen Platz in der Nähe der Getränke. Oder Sie machen sich nützlich, schenken etwas ein, nachdem Sie gefragt haben, ob der andere beispielsweise auch den Weißwein mag. Wenn Sie sich vorstellen, liefern Sie einen Aufhänger mit: „Ich habe mit dem Gastgeber zusammen studiert ... " oder „Ich bin der Bruder der Gastgeberin ... "

Wenn Sie zu spät kommen und überall stehen schon Grüppchen herum, beschränken Sie sich zunächst aufs Zuhören. Dabei zeigen Sie durch Ihre aufmerksame Körpersprache, dass Sie interessiert sind. Sie können aktive Zuhörsignale geben: Nicken, den Blick mitgehen lassen, Lächeln und ähnliche. Ins Gespräch kommen Sie, indem Sie sich an das Gespräch eines Vorredners hängen und eine Frage stellen – Ihre Gesprächsintervention muss nicht originell sein! Setzen Sie sich nicht unter Druck.

Haben Sie den Einstieg geschafft, gilt es, das Gespräch im Gang zu halten. Ist die Hürde des Kennenlernens genommen, können Sie die ersten positiven Eindrücke vertiefen.

Small Talk ist die beste Möglichkeit zum Kennenlernen und verbessert das Betriebsklima. Früh auf einer Veranstaltung zu sein, hilft in Kontakt zu kommen. Wer die ersten Worte spricht, ist schon auf der sicheren Seite, weil er das Eis bricht. Diese müssen nicht originell sein.

Richtige Kommunikation ist kompliziert. Häufig wird nicht das beabsichtigte Ergebnis erreicht. Das Kernproblem liegt darin, dass die Kommunikation auf den zwei Hauptebenen stattfindet, nämlich auf der Sachebene und der Beziehungsebene.

Der Inhalt des Kommunikationsvorgangs besteht zunächst darin, Informationen über einen Sachverhalt zu übermitteln oder auszutauschen. Gleichzeitig bilden sich aber auch bestimmte Einstellungen und Beziehungen der Gesprächspartner zueinander. Dies hat folgende Konsequenzen: Gestalten sich die Beziehungen der Partner positiv, fördert dies die Kommunikation „in der Sache". Entwickeln sich jedoch Gefühle der Abneigung untereinander, so trübt dies die Kommunikation auf der Sachebene. Es wird schwierig, ein sachliches Gespräch zu führen, weil „psychologischer Nebel" wie es Leon Festinger [Festinger] so treffend ausgedrückt hat, entstanden ist. Dieser verschluckt die Gesprächsinhalte.

Gestalten Sie die Beziehungen zu Gesprächspartnern positiv. Dies fördert die Kommunikation „in der Sache". Vermeiden Sie Gefühle der Abneigung, dann ist die Kommunikation auf der Sachebene ungetrübt.

Persönliche Konflikte entstehen meist, wenn das Selbstwertgefühl der beteiligten Personen verletzt wird. Dies kann unter anderem durch belehrende Monologe oder durch Rechthaberei bei der Behandlung von Einwänden bewirkt werden.

1.4 Der beste Trick für Gespräche: Fragen stellen

Eine Frage ist immer kommunikativer als eine Antwort. Dies gilt übrigens nicht nur beim Small Talk, sondern für jede Gesprächssituation. Fragen sind hilfreich. Es gibt mehr oder weniger erfolgreiche Fragen. Zum Beispiel die Frage: „Ist Ihr Hobby auch Golfen?" ist weniger aussichtsreich, da meist nur mit Ja und Nein zu beantworten, als „Welche Hobbys haben Sie?"

Wir unterscheiden geschlossene und offene Frageformen. Bei der ersten Art ist die Antwort quasi vorgegeben oder es besteht nur die Möglichkeit mit Ja oder Nein zu antworten. Nur bei den offenen Fragen kann der Gefragte frei antworten.

Die Begriffe stammen aus der Verkaufspsychologie, dort werden die offenen Fragen verwendet, um möglichst viel vom Gesprächspartner zu erfahren. Die geschlossenen Fragen steuern auf ein bestimmtes Ziel hin: Sie vertiefen und konkretisieren eine Information. Mit den offenen Fragen kann ich jemanden zum Reden bringen. Sie signalisieren Interesse am Anderen.

Um noch mal das Golfen zu erwähnen: in diesem Zusammenhang ist die geschlossene Frage sogar notwendig. Haben Sie ein Nein erhalten, ist es sinnlos über Golf zu sprechen. Haben Sie ein Ja bekommen, dann ist damit auch die Wahrscheinlichkeit groß, einen am Thema Golf interessierten Gesprächspartner gefunden zu haben.

Der einfachste Weg, mit Menschen ins Gespräch zu kommen, besteht darin, selbst ein angenehmer Gesprächpartner zu sein. Dabei können Sie folgende Fragen stellen:

- „Wie geht es Ihnen?"
- „Was machen Sie beruflich?"
- „Oh, das klingt spannend, kann ich darüber mehr erfahren?"
- „Das hört sich sehr komplex an, was machen Sie da genau?"
- „Wohin geht es bei Ihnen dieses Jahr in den Urlaub?"
- „Woher haben Sie denn dieses ungewöhnliche Armband?"
- „Auf was legt Ihre Abteilung den Schwerpunkt?"
- „Wie genau hat sich Ihr Produkt in den letzten Jahren entwickelt?"

Mit diesen Fragen signalisieren Sie Interesse und kommen leicht ins Gespräch. Ein guter Gesprächspartner ist immer bereit zu lernen. Geben Sie Unwissenheit ganz lässig zu – das macht Sie sympathisch. Wendungen wie „Schönes Wetter heute" und „Wie geht's?" sind zwar banal, aber auch mit ihnen kann man das Eis brechen. Besser man sagt etwas, das nicht ganz kreativ oder originell ist, als gar nichts. Entscheidender als das Thema ist die Art wie man etwas sagt. Mit einer freundlichen Art der Gesprächsführung werden Sie immer punkten.

Besonders offene Fragen regen den Gesprächspartner zum Sprechen an. Mit geschlossenen Fragen kläre ich ab, welches Thema das Richtige ist. Auch einfache Äußerungen über das Wetter eröffnen Gesprächsthemen.

1.4.1   Gut informiert Gespräche führen

Eignen Sie sich nicht nur für den Small Talk Informationen in vielfältiger Form an: Lesen Sie Zeitungen und informieren Sie sich über andere Medien, damit Sie immer wissen, worüber gerade gesprochen wird. Informiert sein heißt nicht, dass Sie bestens über alle Themen Bescheid wissen müssen. Aber es ist von Vorteil, über unterschiedliche Themen aus Politik, Kultur und Sport informiert zu sein, um zu verstehen, worüber der Gesprächspartner spricht.

Die Fähigkeit, Gespräche zu führen, ist entscheidend für den beruflichen Erfolg. Kontaktfähigkeit setzt Interesse an anderen Menschen voraus und das kann man nicht aus Schulbüchern lernen. Allerdings kann sich jeder Techniken aneignen, um eine Unterhaltung anzufangen und in Gang zu halten. Üben Sie deshalb die Fragetechnik und interessieren Sie sich für andere Menschen. Die meisten Menschen sind sensibel genug, um zu merken, ob jemand nur belangslose Phrasen von sich gibt oder wirklich an dem interessiert ist, was er sagt.

Je kommunikativer Sie sind, desto leichter können Sie harten Verhandlungen das unpersönliche nehmen. So kann man auf die Eigenheiten des Gesprächspartners eingehen und Konflikte auf einer sachlichen Ebene bewältigen. Wenn Sie sich wirklich für andere Menschen und ihre Themen öffnen, werden Sie merken, wie Sie auch selbst davon profitieren.

Jeder Mensch hat etwas, das ihn auszeichnet, von dem er besonders viel versteht, das ihn interessant macht. Hören Sie auf, über andere Menschen Urteile zu fällen, sie zu werten und Sie werden feststellen, wie spannend es ist, sie kennen zu lernen.

> Interessieren Sie sich für andere Menschen; das ist die beste Möglichkeit für Kontakte. So hinterlassen Sie einen positiven Eindruck. Eine gute Voraussetzung für Gespräche ist es, sich über sehr viele Seiten unterschiedliche Informationsrichtungen anzueignen.

1.5   Mehr Ausstrahlung durch Gefühlsintelligenz

Seit David Goleman [Goleman] seinen Bestseller „Die Emotionale Intelligenz" herausgebracht hat, diskutieren viele Wissenschaftler den Quotienten der Gefühlsintelligenz im Gegensatz zum Intelligenzquotienten. Ich betrachte diese Erkenntnisse als einen Paradigmenwechsel, der auch für unser gemeinsames Thema sehr produktiv ist. Die Konzentration auf den Stellenwert der Gefühle im Leben wird in der neueren Forschung der Gehirnbiologie sogar experimentell nachgewiesen.

Wie wichtig die Rolle der Emotionen ist, darauf hat Goleman deutliche Hinweise gegeben. Nehmen Sie deshalb die eigenen Gefühle ernst. Der Mensch ist in der Lage, seine Gefühle zu steuern und Verantwortung für sie zu übernehmen.

Als Zeichen einer hohen emotionalen Intelligenz gilt eine starke Selbstbeherrschung und das intuitive Wissen darüber, wie man die Gefühle zur richtigen Zeit zeigt oder wann es sinnvoll ist, ihnen nachzugeben. Das heißt keinesfalls, Impulsivität zu unterdrücken. Auch impulsive Gefühlsregungen haben, je nach Situation, ihre Berechtigung. Es spricht nichts dagegen, im beruflichen Kontext zu zeigen, wenn man mal sauer, betroffen, traurig ist oder wie man sich richtig freut. Schließlich sind wir keine Automaten, die nur funktionieren, bei denen aber die ganze Bandbreite menschlichen Erlebens ausgeschaltet ist.

Goleman hat in Zusammenhang mit Peter Salovey und John D. Mayer fünf Stufen erkannt. Da ich die Hinweise für so wichtig halte, möchte ich sie Ihnen hier in der gebotenen Kürze darstellen.

1.5.1 Die fünf Stufen zur Emotionalen Intelligenz

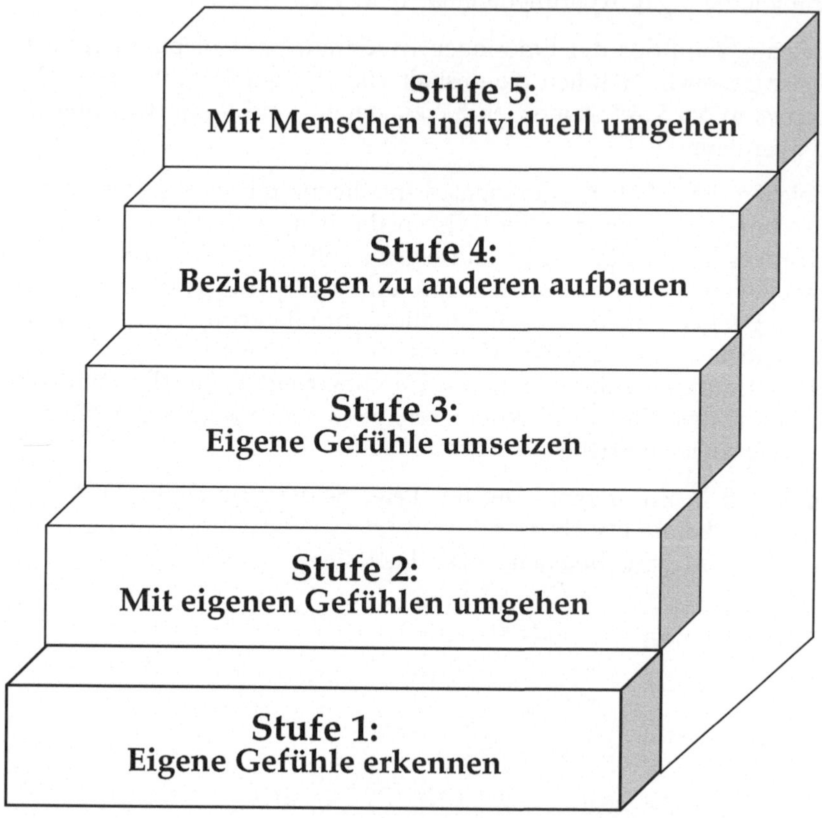

Abbildung 1-3: Die fünf Stufen zur Emotionalen Intelligenz
Quelle: Erstellt nach Golemann, Salovey und Mayer

Stufe 1: Eigene Gefühle erkennen

Das ist die Voraussetzung. Ehrlichkeit und ein wenig Übung sind dazu erforderlich: Welche Gefühle bewegen mich? Löst eine Begegnung in mir

Langeweile, Ärger oder vielleicht Angst aus? Wie reagiere ich, wenn mich jemand kritisiert? Was bedeutet für mich ein Lob?

Stufe 2: Mit eigenen Gefühlen umgehen

Es ist wichtig, die eigenen Gefühle angemessen auszuleben. Aber: Ist es sinnvoll, meinen Ärger im Team lautstark zu äußern? Wenn nicht, stellt sich die Frage „Wie kriege ich den Ärger wieder los?" Wie löse ich einen Konflikt? Ein Zeichen von emotionaler Intelligenz kann sein, ein Gespräch erst mal zu unterbrechen, ehe ich mit den Wogen der Verärgerung zuviel Porzellan zerschlage. Nachdem sich die Beteiligten beruhigt haben, kann ich das Gespräch fortsetzen.

Stufe 3: Eigene Gefühle umsetzen

Wer seine Gefühle kennt, kann entsprechend handeln und aktiv werden. Hinter mancher Verärgerung steckt ein positiver Wille und kreative Ideen für ein Umdenken. Aus Ängstlichkeit entsteht möglicherweise ein vernünftiges Maß an Vorsicht. Mit beharrlicher Energie seine Ziele verfolgen gehört auch dazu. Es ist wichtig, „Durststrecken" überwinden zu können, die z.B. bei der Prüfungsvorbereitung, der Zeitinvestition in Beziehungen, beim Aufbau einer Karriere oder der Selbstständigkeit entstehen. Man muss Abwarten können. Wenn der Erfolg eintritt, muss man diesen auch genießen können.

Stufe 4: Beziehungen zu anderen aufbauen

Dabei hilft Einfühlungsvermögen. Ob privat oder beruflich, das kostet Zeit und verlangt die Fähigkeit, die Gefühle anderer an ihren Gesten, der Mimik oder überhaupt an ihrem Verhalten interpretieren zu können. Verstehe ich, was mein Gesprächspartner fühlt, wenn ich ihn auf seine Fehler anspreche? Sehr viele junge Führungskräfte benehmen sich ihren Untergebenen gegenüber wie ein Holzscheit ohne die Fähigkeit, sich in den anderen hineinzufühlen. Kann ich mich in meinen Chef hineinversetzen, der selbst unter starkem Kosten- und Zeitdruck steht und sich deshalb mir gegenüber gereizt verhält? Sind mir die Gefühle meiner Kollegen wichtig?

Stufe 5: Mit Menschen individuell umgehen

Und schließlich zeichnet sich die Emotionale Intelligenz dadurch aus, wie ich mich individuell auf die verschiedenen Menschen einstelle, Konflikte lösen kann und mich kooperativ verhalte, wenn es möglich und sinnvoll ist. Berücksichtigen Sie Ihr Wissen und Ihre Einschätzung über andere, wenn Sie mit Ihnen zu tun haben? Nutzen Sie Ihr Einfühlungsvermögen aktiv, um Gespräche und Zusammenarbeit zu optimieren?

Den Emotionalen Intelligenzquotienten verbessern

Mimik, Gestik, Körperhaltung und Stimme zeigen Ihnen die Gefühle anderer Menschen. Davon werde ich Ihnen zu einem späteren Zeitpunkt im Kapitel Körperinstrument noch ausführlichere Hinweise geben. Wenn Sie neugierig sind, lesen Sie es auch schon jetzt.

An dieser Stelle sei gesagt: Gehen Sie auf die verschiedenen Persönlichkeiten ein und zeigen Sie sich damit emotional intelligent. Menschen haben unterschiedliche Persönlichkeitsstile, hinter denen Neigungen und Gefühle stehen. Versuchen Sie, Ihr Verhalten dem Gegenüber anzupassen. Wenn Ihnen das gelingt, erreichen Sie den anderen besser und sind überzeugender.

Praktizieren Sie emotionale Ehrlichkeit und Offenheit! Das bedeutet: Mut haben und sich auch mal die Blöße geben, einen Fehler einzugestehen. Emotional intelligentes Handeln bedeutet, dass Sie das Gleichgewicht zwischen Offenheit und Distanz gefunden haben. Dann können Sie sich auf die Lösungen konzentrieren.

Ein hoher emotionaler Intelligenzquotient zeichnet sich durch die Fähigkeit aus, mit widersprüchlichen Situationen umgehen zu können. Verbessern Sie sich in diesem Bereich selbst, indem Sie lernen, geduldiger mit Spannungssituationen klarzukommen.

> Die Emotionale Intelligenz vergrößern: Eigene Gefühle erkennen, mit ihnen umgehen und sie umsetzen. Außerdem Beziehungen zu anderen aufbauen und mit Menschen individuell umgehen. Wie heißt es so schön: „Wer nicht genießen kann, wird schnell ungenießbar!" Über die Körpersprache zeigen Menschen ihre Gefühle.

1.6 Tipps für die Vorstellung

Manchmal kann man schon an der Art, wie sich Leute vorstellen, erkennen, um was für einen Menschentyp es sich handelt. Weiß derjenige überhaupt, wo er herkommt, was gerade wichtig ist und wo es in Zukunft lang gehen soll? Viele erkennen nicht, dass sie ihr Leben selbst in den Händen halten und durch die eigene Einstellung sogar beeinflussen können.

Ein Beispiel, wie man sich nicht vorstellen sollte

Diese Punkte verwendete Annika, um sich in einem Seminar der Gruppe vorzustellen: Ihre Eltern sind früh gestorben und sie konnte nicht studieren, weil die Großeltern, bei denen sie aufwuchs, nur eine kleine Rente hatten. Sie machte eine kaufmännische Ausbildung, aber der Beruf zur Bürokauffrau hat sie nie befriedigt. Vor ihrem Chef hat Annika Angst, der schreit die Mitarbeiter oft an. Sie ist häufig krank und fühlt sich nicht wohl. Der Mann ist ihr vor 20 Jahren davongelaufen, nachdem er sie schon jahrelang betrogen hatte. Die Kinder leben im Ausland und kümmern sich nicht um sie.

Sicherlich sind das Punkte, die traurig sind und die schwer verarbeitet werden können. Sind das jedoch wirklich die Merker, die Annika bei anderen hinterlassen möchte? Ach, das ist doch die, der ihr Mann davon lief? Beim weiteren Überlegen gibt es sicher auch bei Annika viele Punkte in ihrem Leben, auf die sie stolz ist und die für die erste Selbstpräsentation in einer neuen Gruppe besser geeignet sind.

Beispiel für eine bessere Art der Vorstellung

Annika könnte erzählen, wie sie trotz aller Widrigkeiten eine Ausbildung mit Erfolg absolviert hat. Wie sie ihre Kinder allein großgezogen hat und alle drei gute Berufe erlernt haben, im Ausland erfolgreich sind und gute Ehen führen.

Würde es Annika gelingen, die anderen Aspekte ihrer Biografie herauszugreifen, dann wäre es wesentlich leichter für sie selbst, Abstand zu gewinnen und von den negativen Erlebnissen der Vergangenheit wegzukommen. Manche Punkte sind allein durch die Zeit, die seit dem Ereignis verstrichen sind, abgehandelt und überholt. Andere Schwerpunkte würden es auch den übrigen Seminarteilnehmern erleichtern, auf Annika zuzugehen, weil sie nicht vor der mitschwingenden Tragik zurückschrecken würden.

Dies ist Betroffenen jedoch gar nicht bewusst. Wie eine Schallplatte, die am gleichen Kratzer hängen bleibt, wiederholen sie immer und immer wieder Erlebnisse von früher, lassen diese regelrecht noch einmal neu erblühen. Manchmal weinen sie sogar beim Erzählen ihrer Geschichte und merken nicht, wie sie selbst an den negativen Erlebnissen im Vergangenem festkleben. Menschen wie Annika wundern sich dann, warum sie keinen neuen Partner kennen lernen, warum sie immer unzufriedener im Beruf werden und warum sich nichts ändert. Stattdessen zementieren sie ihr Schicksal, indem sie all das Negative erneut erzählen.

Es gibt wiederum andere Menschen, die erzählen von Schicksalsschlägen, die wirklich hart waren und gleichzeitig geht eine Aura von ihnen aus, ein Leuchten, dem sich keiner entziehen kann.

Mein Vorschlag ist, kommen Sie zu einer neuen Sichtweise. Diese muss man sich erarbeiten. Rein technisch gesehen ist das sehr einfach. Stellen Sie sich die Fragen:

Welche Punkte aus meiner Vergangenheit und welche Erlebnisse sind heute noch relevant? Welche meiner Lebensgeschichten, welche Biografieeckpfeiler haben mit mir heute überhaupt noch etwas zu tun?

Daran werden Sie sehr schnell merken, dass die Schwerpunkte anders gesetzt werden müssen. Erzählen Sie bei der Präsentation vor einer Gruppe, welche positiven Aspekte Ihres Seins hervorstechen und wodurch Ihre Kompetenz sich auszeichnet. Die Präsentation muss zur Gegebenheit passen.

„Kurz und knackig und trotzdem persönlich."

Diese positive Einstellung, die auch viel mit Gelassenheit zu tun hat, kann man lernen.

Überprüfen Sie, wie Sie sich einer neuen Gruppe vorstellen. Was erzählen Sie und wie mag das auf Ihre Zuhörer wirken? Wenn Sie bisher viele negative Aspekte Ihrer Biografie erwähnten, dann trainieren Sie, in Zukunft andere positive Seiten von sich zu zeigen und packen Sie diese in eine spannende Geschichte.

Menschen interessieren sich außerordentlich für Menschen. Und über Menschen erfährt man am meisten, wenn sie eine Geschichte über sich erzählen. Die bunten Illustriertenblätter begründen ihren Erfolg genau auf dieser Tatsache. Menschliche Schicksale faszinieren und wenn man bedenkt, dass in vergangenen Zeiten, als es noch keine Schrift gab, alles

Wissen und alle Erkenntnisse nur mündlich über Erzählungen weitergegeben wurde, dann wird augenscheinlich, welche Kraft dahinter steht. Heute hat man das Geschichtenerzählen als Methode anerkannt, die sogar einen Namen trägt. Das „Storytelling" wird in verschiedenen Bereichen eingesetzt: als Kunstform, in der Psychotherapie, im Fremdsprachenunterricht und strategisch in Unternehmen, um z.B. die Unternehmenskultur zu verdeutlichen.

Die Erkenntnisse des Geschichtenerzählens können Sie sehr gut bei Ihren Präsentationen und sonstigen Auftritten verwenden. Mit einer lebendig erzählten Geschichte zieht man die Zuhörer in den Bann. Sie erlangen dadurch eher ihre Aufmerksamkeit und Konzentration, als wenn Sie nur eine nüchterne Ansprache halten. Über die geschickt eingestreute Geschichte können Sie:

- Wissen weitergeben
- Sachinformationen bekannt geben
- Denkprozesse beschreiben
- Problemlösungen aufzeigen
- Ihre Lebenserfahrungen vermitteln
- Verhaltensänderungen anregen
- Normen und Werte beschreiben
- zum Handeln motivieren

1.7 Auftritt und Stimme überzeugende Wirkung geben

Um eine Diagnose über die positive und sichere Ausstrahlung zu treffen, ist vor allem die Stimme ein klares Indiz für den Zustand, in dem man sich befindet. Hier werden alle Selbstzweifel und Unsicherheiten überdeutlich. Schon der Volksmund drückt es so treffend aus:

„Der Ton macht die Musik"

Nicht umsonst gilt die bekannte These:

„Stimme ist gleich Stimmung"

und gerade hier stimmt das, was die anderen von uns mitbekommen, oft nicht mit dem überein, was wir erreichen möchten. Über die Stimme eines Menschen erfahren wir nicht nur, welche Laune er hat, wir bekommen auch viel über sein Selbstbewusstsein mit. Das ist verräterisch!

Dabei wünscht sich nicht nur der Berufsanfänger, souverän und kompetent herüberzukommen. Jeder möchte gern für sein Wissen, seine Leistungen – ja, im Grunde für seine Persönlichkeit anerkannt werden.

Auf dem Weg zur positiven und sicheren Ausstrahlung ist die Stimme ein wichtiger Faktor. Sie stellt auch ein hervorragendes Merkmal beim Charisma dar. Ebenso wie der Körper ist die Stimme ein Teil Ihrer Persönlichkeit. Mit einer sympathischen Stimme können Sie Menschen gewinnen. Charismatische Menschen verfügen über feste, kräftige Stimmen. Die Wirkung der Stimme hängt vor allem mit dem Atem zusammen. Sorgen Sie dafür, entspannt zu atmen:

Übung: Entspannte Atmung

Achten Sie darauf, gerade zu stehen und gerade zu sitzen, um den Atem gut fließen zu lassen. Als kleine Hilfe dürfen Sie sich vorstellen, Ihr Kopf sei an einem Faden aufgehängt und muss deshalb immer gerade gehalten werden.

Hier sei schon gesagt, dass jeder Mensch verschiedene Stimmen in seinem Inneren hat, die unterschiedliche Richtungen vertreten. Da gibt es die zur Vorsicht mahnende Stimme, die Stimme, die zum Fleiß aufruft oder die übermütige. Außerdem noch die kritischen Stimmen, die an allem etwas auszusetzen haben und viele andere mehr. Die Stimmen, die Sie bestärken und Ihnen Mut zusprechen, sind die richtigen.

Übung: Sich selbst gut zusprechen

Das könnte sich so anhören:

„Ja, du schaffst das. Sei ganz ruhig. Dein Atem geht ruhig und gleichmäßig ein und aus. Alles wird gut."

Und das sagen Sie sich in einem ganz langsamen Rhythmus, ähnlich dem Atemrhythmus. Finden Sie hierzu eine ganz eigene Formulierung, die Sie immer einsetzen können, wenn Sie merken, dass Sie aufgeregt oder ängstlich werden.

Die entspannte Atmung ist ein wunderbares Instrument, um der Stimme einen angenehmen Klang zu geben und zur Ruhe und Sicherheit zu kommen. Probieren Sie es gleich bei der nächsten Präsentation aus oder wenn Sie eine Geschichte erzählen.

Während Sie sprechen, lassen Sie eine lebendige Körpersprache zu. Wenn Sie Ihrem Körper gestatten, einfach zu sein, sind Ihre nonverbalen Signale eine schöne Ergänzung zu Ihren Ausführungen. Auch hier konzentrieren Sie sich bitte auf die positiven Stimmen.

Unlebendig wirkt der Körper und die Stimme, wenn Sie in sich unrund, zweiflerisch und zu selbstkritisch sind. Ungünstig ist auch, wenn Sie ständig überlegen oder versuchen, bestimmte Eigenheiten von sich zu überdecken. Vergessen Sie solche Gedanken wie „Was denken jetzt die anderen über mich". Daran können Sie ohnehin nichts ändern. Deshalb ist es besser, es bleiben zu lassen, weil Sie sonst Kraft verschwenden.

Gewöhnen Sie sich eine entspannte Atmung an. Hören Sie auf, darüber nachzudenken, was wohl andere über Sie denken. Damit vergeuden Sie kostbare Energie, die Sie anders besser verwenden können.

Klang der Stimme
Wie klingt Ihre Stimme? Lassen Sie Volumen zu und achten Sie auf einen ausgeglichenen Klang in der Stimme: Ist da ein nörgelnder Ton zu hören oder ein aggressiver, dann sollten Sie das verändern. Einen guten Akzent können Sie durch abwechslungsreiche Modulation oder Betonung setzen.

Die Sprachmelodie beinhaltet zahlreiche Informationen und zwar sowohl auf der Sach- als auch auf der Beziehungsebene. Empfehlenswert ist es, die Stimme zwischen hoch und tief abwechseln zu lassen. Mehr dazu später.

Ihre ganze Statur bildet den Resonanzkörper der Stimme. Wenn Sie sich verkrümmen oder klein machen, verbiegen und reduzieren Sie auch den Klang. Daraus folgt: Es ist besser, sich gerade hinzustellen und auch beim Sitzen auf eine gerade Haltung zu achten. Machen Sie sich groß, das vergrößert den Stimmklang!

> **Übung zum Stimmklang**
>
> Vor einem Auftritt setzen Sie sich gerade hin. Wenn Sie stehen, achten Sie auf einen geraden Rücken. Während des Auftritts korrigieren Sie immer mal wieder Ihre Haltung.
>
> Den Klang Ihrer Stimme können Sie modellieren. Die Tonlage ist abhängig von der Länge Ihrer Stimmbänder. Wenn Sie eine sehr tiefe Stimme haben und gewohnheitsmäßig eher langsam sprechen, wäre es gut, die Sprechgeschwindigkeit zu steigern. Umgekehrt verhält es sich bei einer eher hohen Stimme, da sollten Sie langsamer sprechen. Das ist aber fast schon alles, was Sie bewusst tun können. Üben Sie dies schon während der Vorbereitung.

Durch die Riesenmenge an nonverbalen Ausdrucksmöglichkeiten, die immer vom Unbewussten gesteuert wird, sind wir kaum in der Lage, mit ein paar bewussten Manipulationen das vermittelte Gefühlsbild entscheidend zu verändern. Wir haben jedoch einen Handlungsspielraum und den nutzen Sie ab heute!

Sprechtempo

Wählen Sie ein angemessenes Sprechtempo. Manche verderben die Wirkung ihres Auftritts, wenn sie ihre Aussagen wie ein ICE-Zug durchrattern. Dagegen ist es viel besser, wenn sich eine Geschichte langsam entfaltet. Variieren Sie ruhig einmal zwischen schnell und langsam, etwa wenn es in der Erzählung schnell zugeht. Kommen Sie dann aber wieder zu einem langsameren Sprechtempo zurück. Bedenken Sie, dass ein Zuhörer viermal langsamer in der Aufnahme ist als der Erzähler in seinen Gedanken. Er kennt Ihre Geschichte nicht. Lassen Sie ihn also genießen und schenken Sie ihm Zeit.

1.7.1 Interpretation eines Menschen über die Stimme

Ohne es bewusst zu wollen, schätzen wir Menschen nach ihrer Stimme ein. Manchmal bilden wir uns schon innerhalb weniger Sekunden ein Urteil. Die Stimme gilt als der Spiegel der Persönlichkeit. In unserer modernen Gesellschaft bewältigen wir sehr viele Situationen mit unserer Stimme: Miteinander reden, Standpunkte klarstellen, Sachverhalte erklären, Meinungen austauschen, Kompromisse finden, Verträge aushandeln.

Die menschliche Stimme begeistert. Es gibt Menschen, die man auf Anhieb sympathisch findet, obgleich man sie nur vom Telefon, also von ihrer Stimme, her kennt. Bei anderen Stimmen muss man sich erst zu Geduld ermahnen, weil man den Klang so unangenehm findet. Dabei ist bekannt, dass der Klang einer Stimme durch das Leben eines Menschen geprägt wird.

Jede Stimme ist einzigartig. Sieben Milliarden Menschen haben sieben Milliarden Stimmen. Selbstbewusstsein kann ganz klar über die Stimme erkannt werden. Die Stimme eines selbstbewussten Menschen klingt fest, sicher und ausreichend laut. Das können wir heraushören.

Wenn die Stimme stimmt, stimmt auch das Selbstbewusstsein. Klingt sie ruhig, voll und wohltönend, schließen andere Menschen eins zu eins auf eine ebensolche Persönlichkeit und haben meist recht damit.

Aber es gibt auch Situationen, in denen es schwer ist, auf Anhieb den richtigen Ton zu finden. Leider passiert dies manchmal in Gesprächen, in Prüfungen oder bei Überraschungsmomenten, in denen die Stimme wirklich „wegbleibt". Das Sprechen strengt dann extrem an und im Lauf des Gesprächs wird die Stimme immer leiser und verliert an Ausdruckskraft.

Beispiele, wie die Stimme und der Atem unsere Alltagssprache beeinflussen

- „im Brustton der Überzeugung sprechen"
- „ein voller Bauch parliert nicht gern"
- „wie ein Kloß im Hals" sitzen die Probleme
- „die Kehle ist wie zugeschnürt"
- „mir schwillt der Hals vor Wut"
- „einen Frosch im Hals haben"
- „es verschlägt einem den Atem"
- „stimmig" sein
- „den Ausklang suchen"

Verbesserung der Stimme

Es muss Ihnen aber nicht den Atem und damit die Stimme verschlagen, denn jede gesunde Stimme kann für die Bewältigung von Belastungen geschult werden. Eine derartige Schulung hilft, die Stimme als Teil und Darstellung der eigenen Persönlichkeit selbstbewusst zur Wirkung zu bringen.

Bitte denken Sie an die Verbindung von Stimme und Stimmung, versuchen Sie nicht, Trauer, Verzweiflung oder Wut mit einer fröhlichen oder beherrschten Stimme zu übertönen. Dieser Empfindungen sollte man sich bewusst sein und sie auch stimmlich ausdrücken. Ansonsten besteht die Gefahr, dass sich diese Gefühle und inneren Spannungen auf die Stimme legen und sie erst recht beeinträchtigen.

Auf den Stimmbändern des Menschen spiegelt sich die menschliche Seele. Jeder Zustand hat seine eigene Melodie. Wenn wir fragen oder zweifeln, wird die Melodie deutlich hörbar: Wir heben die Stimme. Den Sprachrhythmus einer Person bemerken wir solange nicht, wie dieser kongruent, also stimmig, zu unseren Erwartungen ist. Zwar hat der Rhythmus kaum Informationswert, fällt aber sofort unangenehm auf, wenn er den Erwartungen widerspricht.

> Über den Atem bringen Sie Ruhe in den Körper und in die Gedanken. Gestalten Sie Sprechtempo und Sprachmelodie abwechslungsreich. Zwischen Stimme und Stimmung besteht eine enge Verbindung. Der Sprechrhythmus muss zu Person und Inhalt passen, also kongruent sein. Die Sprachmelodie bringt Informationen auf der Sach- und der Beziehungsebene.

1.7.2   Pausen und laut sprechen

Obwohl die Pause ein „Nichts" darzustellen scheint, beinhaltet sie oft weit mehr Information als Worte hätten enthalten können. Es kann sein, jemand pausiert, weil er nachdenken möchte oder jemand pausiert, um dem anderen Gelegenheit zu geben, sich zu äußern und schließlich pausiert jemand, weil er abgelenkt wird.

Ein Zuhörer kann Inhalte nicht so schnell erfassen wie der Redner oder der Vortragende die Inhalte denkt. Wenn Ihnen also gerade nichts einfällt, weil Sie unsicher sind und Sie deshalb im Gespräch eine Pause machen, dann kommt das beim Gesprächspartner durchaus positiv an. Eine Pause entsteht zum Beispiel, wenn Ihnen gerade wirklich nichts einfällt oder das richtige Wort verschwunden ist. Bedenken Sie, der Zuhörende hat sich noch nicht mit dem Thema auseinander gesetzt, Sie schon. Ist dieser Gedanke allein nicht schon eine wunderbare Entlastung?

Beim Auftritt selbst vergegenwärtigen Sie sich ständig:

„Es ist in Ordnung kleine Pausen zu machen, dies kommt beim Zuhörer positiv an".

Halten Sie auch bei der Pause ständig Blickkontakt mit Ihren Zuhörern. Je sicherer jemand seines Themas ist und je weniger negative Gefühle vorhanden sind, desto klarer wird die Aussprache einzelner Worte im allgemeinen sein. Wenn Sie jemandem etwas beibringen möchten, werden Sie feststellen, dass noch nicht ganz begriffene Worte oder Konzepte meist leiser und undeutlicher ausgesprochen werden. Das gibt Ihnen einen Hinweis zum nachfragen oder noch mal erklären. Sie selbst sollten ausreichend laut sprechen, damit Sie gut verstanden werden.

Ganz konkret als Rednerin und als jemand, der als Dozentin und Beraterin hauptsächlich mit seiner Stimme Geld verdient, empfehle ich Ihnen, suchen Sie einen Stimmbildner zum Einzeltraining auf oder nehmen Sie Gesangsunterricht. Auch Schauspieler haben meist ein intensives Stimmtraining hinter sich. Nicht umsonst gibt es hier inzwischen eine Vermischung von Schauspielern mit Politikern: Aus manchen Showartisten wurden schon Gouverneure oder gar Präsidenten.

> Sprechen Sie mit wohlgesetzten Pausen – keiner möchte pausenlos zuhören. Die Zuhörer finden Pausen überlegt und souverän. Pflegen Sie eine ausreichend laute und deutliche Aussprache. Schon durch die Absicht gewinnen Sie an innerer Sicherheit und das spiegelt sich nach außen. Trainieren Sie Ihre Stimme.

1.8   Tipps für die Ausstrahlung

Verzichten Sie auf Formulierungen, die Unsicherheit signalisieren. Streichen Sie Sätze im beruflichen Kontext, durch die Sie sich – unnötigerweise – rechtfertigen. Das kann sich dann so anhören:

- „Vermutlich seid ihr sowieso anderer Meinung, aber ich wollte trotzdem mal sagen ..."
- „Also, ganz ehrlich, ich finde ..."
- „Es ist zwar eigentlich unwichtig, aber ich denke ..."
- „Ich meine ja bloß ..."
- „Wahrscheinlich ist meine Idee ja ohnehin nicht durchführen, aber ..."
- „Vielleicht könnte man irgendwann mal ..."
- „Es klingt ja vielleicht doof, aber ..."
- „Bestimmt habt ihr einen besseren Vorschlag, aber ..."
- „Irgendwie habe ich mir letztes Mal gedacht ..."

Vermeiden Sie Äußerungen, mit denen Sie genau auf Ihre Unwissenheit oder Unsicherheit hinweisen. Sie müssen sich nicht rechtfertigen.

Klare und eindeutige Aussagen
Stattdessen gewöhnen Sie sich an, klare und eindeutige Aussagen zu treffen. Die Sprechweise ist überlegend, um den richtigen Ausdruck bemüht, manchmal sogar stolpernd. Da ist viel Sachlichkeit. Sie bemühen sich leidenschaftslos, die richtige Formulierung zu finden. Das kann dann so klingen:

- „Meine Ansicht ist, dass ... "
- „Ich bin der Überzeugung ... "
- „Ausgehend von meinen Erfahrungen möchte ich zu diesem Thema folgendes anmerken ... "
- „In Bezug auf ... habe ich einen eindeutigen Standpunkt. Ich schlage deshalb vor ... "
- „Ich möchte in hier folgende Empfehlung aussprechen ... "
- „Ich habe den Eindruck, dass ... "
- „Ich habe gelernt, wie ... und deshalb ... "
- „Ich habe den Eindruck ... und rate Ihnen"
- „Ich finde ... "

Wenn Sie beginnen, solche Formulierungen zu benutzen, werden Sie bald beobachten, wie aufmerksam Ihnen zugehört wird. Es ist ein einfacher Umschaltprozess, der lediglich ein wenig Übung erfordert. Die sichere Ausdrucksweise bedeutet keineswegs, dass Sie schon alles wissen müssen. Sie unterlassen es nur, den Gesprächspartnern all Ihre Zweifel und Unsicherheiten offen zu legen.

Vereinbaren Sie mit sich selbst ein Zeichen, falls Sie wieder zu einer Unsicherheitsformulierung greifen. Das könnte ein Satz sein, den Sie sich innerlich sagen.

Zum Beispiel: *„Halt, noch mal von vorn und jetzt klar".*

Oder Sie überlegen sich einen anderen Satz oder einen anderen Merker. Dann setzen Sie im Gespräch noch mal neu an und drücken sich klar und entschieden aus.

Benutzen Sie klare Formulierungen. Meistens beginnen diese mit dem Pronomen „Ich". Zum Beispiel: „Ich meine...", „Ich sage... ", „Ich glaube...", „Ich will...".

1.8.1 Begeisterungsverhalten

Wenden Sie Begeisterung wohldosiert an und kontrollieren Sie regelmäßig die Richtung, in die sie ausschlägt. Indem Sie Begeisterung gezielt einsetzen, werden Sie immer einen interessierten Gesprächspartner finden.

Wer griesgrämig vor sich hinredet, erntet wenig Aufmerksamkeit. Sie müssen kein Redner sein, um sich Gehör zu verschaffen. Nur Ihre Überzeugung muss Ausdruck finden. Begeistert gesprochene Worte geben Ihre Einstellung wieder und verschaffen Ihren Aussagen Gehör.

Versuchen Sie einmal, ohne jede Begeisterung ein Erlebnis zu schildern, bei dem Ihnen etwas Lustiges passiert ist oder Sie mit einer genialen Überraschung konfrontiert wurden. Erzählen Sie ohne jegliche gute Betonung von Ihrem Lottogewinn:

Als es letzte Woche bei mir klingelte, stand ein Mann vor meiner Tür, der mit geheimnisvollem Ton sagte: „Sie haben gewonnen". Ich bat ihn in meine Wohnung herein und bot ihm einen Platz an . Da zog er einen Brief aus seiner Tasche und ... ".

Jede noch so gute Geschichte verliert durch schlechte Präsentation erheblich an Wert. Durch begeisterte Ausführungen gewinnen Sie aufmerksame und dankbare Zuhörer. Erkennen Sie die motivierenden Seiten Ihrer Arbeit. Eine gut erledigte Arbeit wird Sie anspornen, noch besser zu werden. Ein Sprichwort drückt das richtig aus:

„Wahres Glück und Zufriedenheit kommen nicht, wenn man tut, was einem gefällt, sondern wenn einem gefällt, was man tut!"

Dazu gehört vor allem Geduld! Geduld für die Verrichtung kleiner, aber doch notwendiger Arbeiten.

Was Begeisterung vollbringen kann

- hilft Depressionen überwinden
- hilft, über Vorurteile hinwegzukommen
- hilft, Wünsche zu verwirklichen
- motiviert zu Aktivität
- bezwingt Hindernisse
- erregt Aufmerksamkeit
- kann abflachen und muss deshalb gepflegt werden
- kann ausbrechen und muss deshalb gesteuert werden
- fördert die Hilfsbereitschaft
- überwindet Trägheit und Faulheit

Ein chinesisches Sprichwort sagt:

Wenn du eine Stunde lang glücklich sein willst, schlafe. Wenn du einen Tag glücklich sein willst, geh fischen. Wenn du ein Jahr lang glücklich sein willst, habe ein Vermögen. Wenn du ein Leben lang glücklich sein willst, liebe deine Arbeit.

2 Überzeugen durch Klarheit und Mut

Für einen introvertierten Menschen kann es Schwerstarbeit sein, offen vor eine Gruppe zu treten und zu äußern: „Ich sage, was ich denke". Laut den neueren Erkenntnissen der Hirnforschung gehört die Analyse und Veränderung der Handlungsabsicht, der Gefühlslage und des Denkstils sowie des passenden Körperausdrucks zum selben neuronalen Netzwerk. Dieses Netzwerk wird durch stetigen Gebrauch stark oder sogar erst neu erschaffen. Anders gesagt, wenn es Ihr Ziel ist, authentisch zu wirken, dann müssen Sie all diese Bereiche, Ihre Fähigkeiten und Eigenschaften trainieren, damit Sie in der Rolle als Person glaubwürdig sind. Dadurch legen Sie neue Pfade in Ihrem Gehirn an, die desto breiter werden, je öfter Sie sie benützen.

Sobald Sie für sich klar definiert haben, was Sie erreichen möchten, wenn Sie einen Vortrag oder eine Präsentation halten, sollten Sie sich innerlich ein klares Bild herstellen. Sagen wir einmal, Sie halten eine Präsentation und möchten nicht nur durch Ihre schlüssig vorbereiteten Thesen, sondern auch durch die Art Ihres Auftritts überzeugen. Eine Hilfe ist, wenn Sie sich genau dieses Bild:

„Sie stehen vor der Gruppe Ihrer Kollegen und Vorgesetzen und halten eine Beamerpräsentation. Sie treten sicher und kompetent auf."

visualisieren und dann nach außen tragen. Visualisieren bedeutet in unserem Zusammenhang, Sie stellen sich eine Situation oder ein Ziel innerlich mit einem detaillierten Bild vor.

Übung zur Visualisierung von Zielen

Setzen Sie sich bequem und gerade hin, schließen Sie die Augen und entspannen sich über den Atem.
Lassen Sie das erreichte Ziel vor Ihrem geistigen Auge entstehen. Stellen Sie sich vor, wie Sie während einer Präsentation souverän vor den Zuhörern stehen.
Sie stehen gerade, aufrecht und entspannt.
Sie halten Blickkontakt zu jedem Zuhörer. Alle blicken Sie erwartungsvoll und ermunternd an.

Sie riechen die Luft im Besprechungsraum, die frisch riecht, weil Sie vorher gelüftet haben.
Sie spüren den Laserpointer in der Hand, mit dem Sie auf Ihre treffend vorbereiteten Folien zeigen.
Sie fühlen sich authentisch und glaubwürdig, während Sie alle vorbereiteten Inhalte sicher vortragen.
Sie hören Ihre Stimme, die fest und ausdrucksvoll klingt. Sie hören, wie der Beamer surrt. Und schließlich hören Sie, wie Ihnen am Ende ein Beifall gegeben wird und alle Sie lächelnd und gut informiert ansehen.

Denken Sie also nicht nur an die verbalen Aspekte. Sehr häufig erlebe ich, wie Menschen zwar die Inhalte einer guten Rede oder Präsentation vorbereiten, dann aber gänzlich versagen, wenn es darum geht, überzeugend und souverän aufzutreten.

Empfehlenswert	Vermeiden
ruhig sprechen	herumhampeln, sich unruhig hin und herbewegen
Unterlagen auf einem Tisch vor sich liegen haben	die Unterlagen flattern mit den gestikulierenden Händen vor der Brust oder dem Körper herum
sichere, passende Gesten zeigen	die Hände werden gerungen
Zuhörer fest im Blick haben	es findet kein Blickkontakt statt
feste, ruhige Stimme	ein Stimmchen: leise, undeutlich, verwaschen

Visualisieren Sie Ihre Auftrittsziele und tragen Sie Ihre Überzeugung nach außen. Achten Sie auf eine ruhige Körpersprache mit der passenden Stimme.

2.1 Erfolg durch Vorbereitung der Präsentation

Diesen Satz kennen wir schon aus der Schule und wissen, dass er stimmt. Was den erfahrenen Präsentierenden vom Anfänger unterscheidet, ist der Aufwand, den der Experte betreibt, indem er sich rundum präpariert und trainiert. Was hält uns von der sorgfältigen Vorbereitung ab? Wenn Sie dabei systematisch vorgehen, ist sie weniger aufwendig.

Auch Sportler müssen sich für ihre Spitzenleistungen extrem gut vorbereiten. Suchen Sie sich eine Situation, die Sie herausfordert und in der Sie anfangen, kompetenter aufzutreten. Trainieren können Sie zum Beispiel in Volkshochschulkursen. Da bekommen Sie in Rhetorik – oder anderen Kommunikationskursen – Hinweise und Sie können sich Feedback holen. Hier lassen sich gewünschte Veränderungen ganz einfach ausprobieren.

Zur Vorbereitung gehört
Sie stellen sich die Auftrittssituation vor. Überlegen Sie, wie die Gegebenheit sein wird. Wie sieht der Raum aus? Welche Personen werden anwesend sein? Wie werden sie reagieren?

Wir suchen eine Methode, die uns hilft, beim Auftritt wie ein Roter Faden zum Ziel zu finden. Sie soll uns unterstützen, den Zuhörer auf uns einzustimmen, ihn für unseren Auftritt bereit zu machen. Umreißen Sie Ihr Thema ohne den Zuhörern schon zu viel von den Inhalten zu verraten.

Wie in einem Bühnenstück sind die Anfangssätze entscheidend. Vorbilder hierzu können sein: Gute Kurzartikel in Zeitungen oder die kurzen Einleitungsmoderationen zu Beiträgen im Fernsehen bei Nachrichtensendungen. Setzen Sie Ihre Zuhörer ins Bild. Bauen Sie eine positive Spannung auf, damit sie spüren, dass es spannend wird. Dies können Sie vorbereiten, wenn es sich um einen geplanten Auftritt handelt.

Zwischenrufe
Lassen Sie sich durch Zwischenbemerkungen nicht aus dem Konzept bringen. Bauen Sie Zwischenrufe von vornhinein in Ihr Konzept ein. Stellen Sie sich vor, wenn Sie Ihre Inhalte das erste Mal hören würden, vielleicht würden Sie noch nicht alles verstehen und nachfragen wollen. Versetzen Sie sich in die Lage des Zuhörers: Wie reagiert er, was will er wissen, was fehlt ihm, wie können Sie ihn erheitern, welche Informationen braucht er noch?

Vielleicht ermuntert Sie meine eigene Einstellung: Jeder Zwischenruf oder jede Frage zeigt mir, dass ich aufmerksame Zuhörer habe. Ich fasse es als Kompliment auf, wenn ich unterbrochen werde, denn dann weiß ich, mir wird zugehört und die Leute machen sich eigene Gedanken. Dadurch wird meine Veranstaltung, mein Auftritt erst lebendig.

Bereiten Sie sich systematisch vor und vermeiden Sie so Verunsicherung in der Auftrittssituation. Trainieren Sie zum Beispiel in Volkshochschulkursen. Unterbrechungen oder Zwischenrufe verunsichern Sie nicht mehr, sondern sind Kom-plimente. Sie zeigen, dass Sie ein interessantes Thema haben und Ihre Zuhörer erreichen.

Höhepunkt des Auftritts

Wägen Sie ab, wo der Höhepunkt Ihrer Präsentation ist. Haben Sie Ihre Zuhörer schon so eingestimmt, dass sie unbedingt wissen möchten, wie es weitergeht? Nun geht es darum, sich eine Art Genehmigung auf ein Fortfahren Ihres Auftritts zu besorgen. Deshalb müssen Sie sich eine Zustimmung Ihrer Zuhörer ausdrücklich abholen. Eine gültige Genehmigung ist eine tragfähige Basis für aufmerksame Zuhörer. Bleiben Sie also im Dialog.

Die Genehmigung werden Sie sich meistens nonverbal in Form von Zuwendungssignalen abholen. Die Zuhörer nicken Ihnen zu oder sie ziehen die Augenbrauen im Sinne von Aufmerksamkeit hoch. Achten Sie darauf, zu möglichst allen Blickkontakt aufzunehmen. Vertiefen Sie sich deshalb nicht in Ihre Unterlagen, sondern wenden Sie sich zu den Zuhörern. Diese sollten nicht von Ihnen abgewandt sein, sonst laufen sie Ihnen womöglich davon oder nehmen eigene Gespräche auf.

Damit erlauben Ihnen die Zuhörer weiterzumachen. Kommt die Übereinstimung nicht zustande, werden sie für Ihre weiteren Ausführungen kaum Interesse aufbringen. Mit Genehmigung werden sie sich durch alles, was Sie ihnen in der Folge erzählen wollen, erfreut fühlen.

Sammeln Sie so viel Genehmigung durch Zuwendungssignale wie möglich. Wichtig ist, immer in hervorragendem Kontakt zu den Zuhörern zu sein. Bleiben Sie im Dialog, das ist schon die halbe Miete.

2.2 Start und Vorgehensweise verbessern

Arbeiten Sie sich in jeder Auftrittssituation an Ihrem vorbereiteten Roten Faden entlang. Dies geschieht teilweise in Wechselrede mit dem Partner, den Zuhörern.

Als ersten Schritt finden Sie eine gute Überschrift oder sagen wir besser, Schlagzeile wie bei einer Zeitung. Die weckt Aufmerksamkeit und macht Appetit auf das Kommende. Denken Sie an einen Marktschreier, wie laut der ist, damit Sie auf ihn aufmerksam werden! Ein guter Einstieg bringt die Zuhörer auf Ihre Seite. Die Überschrift in der Zeitung deutet den Inhalt an, verrät aber noch nicht alles. In unserem Fall heißt das, Sie reißen zwar Ihr Thema an, zum Beispiel, wenn Sie eine Geschichte erzählen, aber Sie geben keinesfalls die Pointe preis. Diesen verblüffenden Schluss halten Sie bis zum Ende zurück.

Wenn Sie eine Geschichte erzählen, gilt es, einen einprägsamen Namen zu finden. Eine Art geistiger Anker für Sie selbst in der Vorbereitung. So ein Titel könnte sein: „Als ich das schnellste Auto der Welt konstruierte" oder „Mit Anforderungsmanagement Fehler vermeiden". Danach kommen die interessanten Einzelheiten Ihrer Geschichte „und das heißt im einzelnen...".

Die Schlagzeile ist das Resultat vieler Überlegungen. Irgendwann steht sie und vereinfacht den Einsatz jeder Erzählung oder jeden Auftritts. Oft erinnern sich Leute an den Anfang und an den Schluss. Deshalb ist es so wichtig, hier einen guten Anker zu setzen.

Überlegen Sie sich den Beginn und wählen eine geeignete Richtung

- Definition des Themas
- ein gutes Zitat
- die Zielrichtung
- die Wichtigkeit Ihres Themas
- einen aktuellen Bezug
- eine provozierende Frage
- eine passende Statistik
- eine überraschende Schlussfolgerung
- Lob ans Publikum
- eine Anekdote

Denken Sie daran, Ihre Zuhörer direkt anzusprechen. Überlegen Sie, ob Sie förmlich oder salopp auftreten möchten. Erklären Sie Ihren Zuhörern auch, wie lange Sie sprechen werden. Das erleichtert es ihnen, aufmerksam zu sein. Wecken Sie die Neugierde, denn gleich zu Beginn entscheidet sich, wie die Präsentation aufgenommen wird. Bei der Darstellung eines Standpunktes ist es sehr wichtig, eine gemeinsame Sichtweise zu entwickeln. Der Aufbau von Gemeinsamkeit ist Voraussetzung dafür, ob sich Ihre Zuhörer durch Ihre Ausführungen bewegen oder überzeugen lassen.

2.3 Herstellung des Spannungsbogens

Der zweite Schritt hilft Ihnen, einen Spannungsbogen herzustellen. Ihre Präsentation oder was immer Sie sagen, sollte gut strukturiert und logisch aufgebaut sein. Entwickeln Sie eine deutliche Struktur, die Sie im Hinterkopf haben. Vielleicht müssen Sie sogar erklären, warum Sie gerade diese Reihenfolge gewählt haben. Am besten visualisieren Sie die Reihenfolge zum Beispiel auf einem Chart.

Die Aufmerksamkeit Ihrer Zuhörer bemerken Sie an der Zugewandtheit. Achten Sie zukünftig darauf, ob es in Ihrer Präsentation oder dem Erzählen Ihrer Geschichten Phasen gibt, in denen Sie die Aufmerksamkeit verlieren. An diesen Stellen müssen Sie für das nächste Mal weiterarbeiten. Möglicherweise neigen Sie zu einer weitschweifigen Sprechweise und verlieren Zuhörer, weil die sich nicht mehr konzentrieren können. Oder Sie haben selbst die Zugewandtheit verloren, schauen auf Ihre Unterlagen anstatt auf die Zuhörer.

Wichtig ist es, sich deutlich und unmissverständlich auszudrücken. Vermeiden Sie komplizierte Formulierungen. Mündlich drückt man sich ganz anders aus als schriftlich. Wählen Sie also Ihre eigene Sprechweise in der Vorbereitung der inhaltlichen Aspekte. Benutzen Sie Formulierungen, die ein Bild im Kopf des Zuhörers malen. Wichtige Punkte wiederholen Sie. Einen Verlust der Zuhörer kann man auch vorbeugen, indem man besser und abwechslungsreicher betont. Es ist hilfreich, sich in der Vorbereitungsphase Videoaufnahmen einer eigenen Präsentation oder Erzählung anzusehen. Hier dürfen Sie nicht zu selbstkritisch sein. Als Krönung kann sie einen verbindlichen oder überraschenden Abschluss finden.

2.4 Ein schöner Schluss krönt alles

Der dritte Schritt ist ein passender Schluss. Der prägt sich ähnlich ein wie der Anfang. Ihre prägnante Schlussbotschaft ist so etwas wie die Pointe. Sie beantwortet die Frage oder die provokante Behauptung, die Sie in der Schlagzeile aufgeworfen haben. In verdichteter Form drückt sie die positive Veränderung aus, die Sie mit Ihrem Auftritt versprechen. Dazu können Sie den Inhalt Ihrer Schlagzeile inhaltlich umdrehen. Formulieren Sie jetzt eine griffige, prägnante Schlagzeile für den Start und eine positive Auflösung, eine Pointe für das Finale Ihrer Geschichte.

Auch möglich sind folgende Punkte:

- Zusammenfassung der wichtigsten Punkte
- ein Zitat
- eine Überraschung, damit Sie selbst im Gedächtnis bleiben
- ein Witz oder etwas anderes zum Lachen
- eine Handlungsaufforderung
- eine Ermutigung
- ein Kompliment ans Publikum

Vor einer Präsentation bereiten Sie nicht nur die Inhalte vor, sondern auch den Aufbau und Roten Faden Ihres Auftritts. Sie bleiben in Kontakt mit den Zuhörern und holen sich immer mal wieder nonverbale Zustimmung ab. Denken Sie sich einen einprägsamen Beginn und einen guten Schluss aus, den Höhepunkt Ihres Auftritts oder Ihrer Geschichte. Eine Rede ist keine Schreibe.

Ihre Botschaft
Kurt Tucholsky [Tucholsky] hat in seinen Ratschlägen für einen guten Redner gesagt:

„Hauptsätze, Hauptsätze, Hauptsätze. Klare Disposition im Kopf – möglichst wenig auf dem Papier. Tatsachen, oder Appell an das Gefühl. Schleuder oder Harfe. Ein Redner sei kein Lexikon. Das haben die Leute zu Hause. Der Ton einer einzelnen Sprechstimme ermüdet; sprich nie länger als vierzig Minuten. Suche keine Effekte zu erzielen, die nicht in deinem Wesen liegen. Ein Podium ist eine unbarmherzige Sache – da steht der Mensch nackter als im Sonnenbad."

Eine Präsentation ist durchaus vergleichbar mit einer Rede, deshalb möchte ich Ihnen Fünf Rhetorik-Pluspunkte nennen:

1. Fangen Sie mit einer Erheiterung an

2. Laut und leise, schnell und langsam, hohe und tiefe Stimme immer abwechseln

3. Sinnvolle Pausen einlegen

4. Geschichten einflechten, aber Roten Faden beachten

5. Blickkontakt zu jedem Zuhörer halten

2.5 Tipps für Vortragende

- Stichwortzettel nutzen (siehe den Hinweis weiter unten)
- Impuls an den Anfang setzen, Anfang und Ende spannend gestalten, am Anfang einen kurzen Überblick über den Aufbau des Vortrags geben
- Thema klar formulieren, mit einer Textgliederung operieren, die vom Zuhörer leicht nachvollziehbar ist
- Sprache auf die Teilnehmer abstimmen: kurze Sätze, einfache Formulierungen, deutliche Aussprache
- Bei Aufzählungen von Daten die wichtigsten hervorheben, einzelne Gedanken klar, präzise und anschaulich vortragen. Die Zuhörer nicht mit Details überfordern (sie „schalten" sonst ab)
- Mit motivierenden Beispielen veranschaulichen, Medieneinsatz, Argumente auf Überzeugungskraft überprüfen, Ankündigung von neuen Informationen
- Blickkontakt halten, das Publikum mit einbeziehen, Betonung von Gemeinsamkeiten, beim Zuhörer die Neugierde erwecken und immer aufrecht erhalten
- Intonation variieren und Pausen machen: nach einem Höhepunkt, vor einem neuen Thema, nach einer Zusammenfassung, vor einer wichtigen Erklärung. Auf einen Ton verzichten, der als aufdringlich, überheblich und besserwisserisch missverstanden werden kann
- Konzentration auf das Wichtigste, die Redezeit ist nicht unbegrenzt
- Zusammenfassung am Ende

Stichwortzettel

Verwenden Sie Karten als Stichwortzettel. Jede Karte enthält ein soge-
nanntes Reizwort, das groß geschrieben auf der oberen Hälfte der Karte
steht. Daneben kann die Karte oder der Zettel weitere Angaben, etwa
Daten, Zahlen oder auch Stichworte enthalten. Ich empfehle Ihnen: ver-
sehen Sie die Karten mit Seitenzahlen! Wenn sie Ihnen einmal herunterfallen, wissen Sie warum.

1. Reinschrift auf DIN A 5, A 6

2. Einseitig beschriften

3. Karten nummerieren

4. Neuer Hauptgedanke, neue Karte

5. Schriftgröße variieren

6. Ausreichend große, gut lesbare Schrift (das kann sogar Schriftgröße 18 sein)

7. Wichtiges unterschiedlich farbig hervorheben

8. Rand lassen

Tipps für Vortragende: klar, kurz, einfach, präzise, anschaulich, abgestimmt auf
die Zuhörer sprechen. Blickkontakt halten. Tonfall variieren und die Zeit
einhalten.

2.5.1 Ausdrucksstark und kommunikativ

Sie haben mit den vorangegangenen Überlegungen schon tief in sich
hinein gedacht und Ihre Stärken ausgelotet. Dabei geht es nicht nur um
die Stärken, sondern überhaupt um Ihre Eigenschaften. Die Mischung
aus allem: Stärken, Schwächen, Fähigkeiten, Fertigkeiten und Eigenschaften machen den perfekten Auftritt aus.

Wer bin ich, wenn es darauf ankommt? Was halten die anderen von mir?
Wie möchte ich wahrgenommen werden? Sie verstellen sich in Alltagssituationen und in Beziehungen auf vielfältige Weise. Überlegen Sie,
welche Lebensrollen Sie im Alltag spielen? Ist die tatsächliche, echte Rolle, die Ihnen wirklich entspricht, auch dabei? Wer davon sind Sie: die
erfolgreiche Geschäftsfrau, die fitte Joggerin, die ausgeglichene Teamkol-

legin, die großzügige Chefin, die zuverlässige Freundin, die fürsorgliche Mutter, der hilfsbereite Nachbar, der witzige Kollege, der begabte Koch, der korrekte Projektleiter, der kreative Entwickler, der handwerkende Vater? Zeigen Sie sich als der menschliche und sympathische Typ, als den Sie Ihre Freunde kennen? Was sieht man von Ihnen und wo sagen Sie: „Genau so bin ich".

Erkennen Sie sich selbst. Dann entscheiden Sie, was die anderen davon erfahren dürfen und was Sie zeigen möchten. Mit dieser Selbsterkenntnis wird es richtig leicht. Je mehr Sie von sich zeigen, um so mehr prägen Sie Ihre Umgebung. Je ehrlicher Sie sich verhalten, desto ausdrucksstärker werden Sie wahrgenommen. Zeigen Sie Ihre typischen Aspekte. Was andere an Ihnen mögen, wo Sie geschätzt werden, können Sie ohnehin nicht beeinflussen. Was typisch an Ihnen ist, Sie von anderen unterscheidet, das ist authentisch. Sie müssen nicht glatt oder perfekt sein.

Äußern Sie sich in emotionaler Weise darüber, wie Menschen und Situationen auf Sie wirken. Lassen Sie andere wissen, wie Sie sich fühlen, ob sie: traurig, fröhlich, zornig, enttäuscht oder begeistert sind.

Fangen Sie an, sich für andere zu interessieren statt selber nur interessant sein zu wollen.

Reagieren Sie sensibel auf das, was Sie von anderen hören. Versuchen Sie, deren Bedürfnisse herauszufinden. Man mag Menschen, die großzügig sind und sich Zeit nehmen, um etwas zu erklären. Das sind Menschen, die andere so nehmen wie sie sind und nicht um den heißen Brei herumreden. Dagegen zeigen sie sich als gute Zuhörer, die verständnis- und rücksichtsvoll auf andere eingehen. Es kann sogar sein, dass Sie einige eher unsympathisch erscheinende Wesenszüge haben. Aber auch diese zeigen Sie, das gehört zu ihrem Sein. Etwas, das andere sogar im ersten Moment abstößt.

Überlegen Sie also: Was zeichnet Sie aus, was entspricht genau Ihnen? Was unterscheidet Sie? Dazu möchte ich Sie fragen, welche Menschen Sie bewundernswert finden? Wer imponiert Ihnen?

Meistens doch Menschen, die sich für etwas einsetzen, sich engagieren ohne darüber nachzudenken, was passieren könnte, die ganz für ihre Sache stehen. Hier kommt Begeisterung herüber, die mitreißt. Wir sind fasziniert von Menschen mit klaren Vorstellungen und Zielen. Wir bewundern Menschen, die wissen, was sie wollen. Und dazu gehört auch, dass sie um ihre Verletzlichkeiten und Empfindlichkeiten Bescheid wissen. Gerade für Ihre Schwächen mögen wir sie. Sie bieten Orientierung und verfügen über Ausstrahlung. Das sind charismatische Persönlichkeiten und sie beziehen klare Standpunkte.

Überlegen Sie, was Sie von anderen unterscheidet? Was Sie begeistert und mit Emotionen erfüllt, das macht Sie als Person aus. Erkennen Sie, was bei Ihnen charakteristisch ist, auch wenn einige negative Eigenschaften mit enthalten sind. Das Typische erhöht die Ausstrahlung.

2.6 Erfolgspunkte

Eine klare Gliederung ist die Voraussetzung für den Erfolg jeder Präsentation und jeder Rede. Sie bringt Ordnung in die Gedanken und stellt einen logischen Aufbau sicher. Die einfachste Form ist:

- Einleitung
- Hauptteil
- Schluss

Diese Aufteilung, die es schon seit der Antike gibt, ist für viele Themen zu grob. Mit der Einleitung nehmen Sie Kontakt zum Zuhörer auf und erwecken Aufmerksamkeit. Es gehört also die Anrede dazu. Zum Beispiel: „Guten Morgen, liebe Kollegen".

Im Hauptteil wird auf die Kerngedanken eingegangen. Beispielsweise:

- Gestern – heute – morgen
- Zielsetzung – Planung – Durchführung – Kontrolle
- Vom Einzelnen zum Ganzen oder umgekehrt
- Vom Einfachen zum Schwierigen
- Vom Allgemeinen zum Besonderen
- Ursache – Wirkung – Lösung
- Ist-Soll-Analyse
- Pro – Contra – Fazit
- Problem – Ursachen – Lösungsmöglichkeiten
- Vom Beginn – bis heute

Dem Schluss kommt besondere Bedeutung zu, denn was der Zuhörer zuletzt gehört hat, behält er am besten. Bei Sachvorträgen gibt es mehrere Möglichkeiten, den Schluss zu gestalten. Man sollte zwar auf den Hauptteil eingehen, ihn aber keinesfalls wiederholen.

Mögliche Abschlüsse für einen Vortrag sind:

- ein Fazit wird gezogen
- Zusammenfassung der Kernaussagen in Thesen
- Denkanstösse
- Ausblick auf das weitere Vorgehen
- eine kleine Geschichte oder ein gelungenes Zitat
- Aufgaben werden verteilt
- Einstiegsthese wird wiederholt und bestätigt

Welche Vorteile bringt eine verbesserte Vortragstechnik?

- sie baut Hemmungen und Lampenfieber ab
- der Vortragende bekommt mehr Selbstsicherheit und Selbstbewusstsein
- er vermittelt über klarere, präzisere Aussagen mehr Überzeugungskraft
- der Vortragende organisiert sich besser
- er kann andere besser motivieren
- er bekommt eine bessere Durchsetzungskraft für seine Ideen
- er kann aus dem Stegreif sprechen
- der Vortragende ist spontaner, schlagfertiger und hat einen erweiterten Wortschatz
- er erarbeitet sich Manuskripte, Konzepte für Reden und Präsentationen schneller und leichter

2.7   Lampenfieber, na und?

Als Hauptgründe für Lampenfieber kann Angst genannt werden. Es gibt
verschiedene Ängste. Ein paar möchte ich Ihnen aufzählen:

- sich zu blamieren und lächerlich zu machen, zu versagen
- stecken zu bleiben
- das Thema nicht zu beherrschen
- Fehler zu machen und sie nicht korrigieren zu können
- Kritik zu ernten, auf Unverständnis zu stoßen
- sich schlecht auszudrücken
- vor dem Stocken des Redeflusses, den Roten Faden zu verlieren
- anderen zu nahe zu treten
- vor dem Widerspruch oder der Unfähigkeit, zügig zu parieren
- davor, nur die Meinung einer Minderheit zu vertreten
- zuviel der kurzen Diskussionszeit für sich in Anspruch zu nehmen
- unangenehm aufzufallen
- „nicht anzukommen", sein Gesicht zu verlieren
- in negativer Erinnerung zu bleiben
- sich zu „verhaspeln"
- vor technischen Pannen

Mein Rat an Sie: Akzeptieren Sie die Spannungszustände wie

- weiche Knie
- Herzklopfen
- Schweißausbrüche
- Händezittern
- Blässe und Röte des Gesichts
- feuchte Hände, trockener Mund

Nehmen Sie das Lampenfieber als etwas Positives hin.

Dadurch zeigen Sie, dass Sie noch nicht in Routine erstarrt sind und nicht
an Selbstüberschätzung leiden. Außerdem beweisen Sie, dass Sie ein
Erfolgsbewusstsein haben. Machen Sie sich bewusst, dass die Zuhörer
nicht wissen, was in Ihnen vorgeht. Hilfsweise erinnern Sie sich, wenn
Ihnen gerade ein Wort nicht einfällt an Redewendungen wie: „Anders
ausgedrückt", „Besser formuliert", „Lassen Sie es mich auf eine andere
Art sagen" oder Sie machen sich vor dem Auftritt klar, dass Sie jederzeit

zum nächsten Thema übergehen können, wenn Ihnen nichts einfällt oder einen Satz neu anfangen können.

Lampenfieber ist völlig unabhängig vom Können!
Ohne Lampenfieber haben Sie vielleicht auch keine Spannung! Und nur die kann den Funken überspringen lassen. Sobald Sie angefangen haben, wird es kleiner. Wenn Sie es akzeptieren, trainieren und ständig üben, stellen sich die ersten Erfolgserlebnisse ein, die einem helfen weiterzumachen und sich selbst freizumachen.

2.8 Tipps zur Überwindung von Lampenfieber

- bereiten Sie gründlich vor
- lernen Sie die ersten und letzten Sätze auswendig
- Freundlichkeit Ihrerseits kommt wie ein Bumerang zurück
- schaffen Sie Kontakt zum Zuhörer (Rückkoppelung)
- stecken Sie die eigenen Ziele nicht zu hoch

- die Zuhörer sind Ihre Freunde nicht Ihre Feinde
- Sie können es nicht allen recht machen
- die Aufgabe ist eine Chance nicht eine Prüfung!
- ein Versagen ist nicht tragisch

- Misserfolge sind eine neue Chance
- entspannen Sie sich bewusst, atmen Sie richtig
- wählen Sie das richtige Thema
- verwenden Sie richtige Hilfsmittel

- machen Sie genügend Pausen
- suchen Sie „freundliche" Zuhörer als Blickrichtung
- lesen Sie viel laut, um Ihre Stimme besser kennen zu lernen
- bauen Sie Negatives ab, stärken Sie Positives

- die Zuhörer haben nichts gegen Sie
- sie sind sehr interessiert, sonst wären sie nicht hier
- denken Sie an den Satz: Ich muss, ich will, ich kann!
- lernen Sie, sich durch Autogenes Training und durch Selbstsuggestion zu entspannen

3   Selbstbestimmt Ziele erreichen

Je klarer Sie sich sind, welche Ziele Sie während einer Präsentation, während Ihres Auftritts erreichen möchten, desto sicherer wird Ihnen das gelingen. Zunächst erkennen Sie die allgemeine Richtung, in die es gehen muss und schließlich leiten Sie konkrete Ziele und logische Schritte ab, so dass Sie Ihren Weg immer klarer vor Augen haben.

Sicherlich kostet die Überlegung, was Sie bewerkstelligen wollen, eine Menge Zeit. Denn Sie müssen sich Gedanken über viele Fragen machen: Was will ich erreichen, wer ist mein Publikum, was wollen die Zuhörer hören, auf was muss ich achten? Jedoch ist diese Zeit, in der Sie Ihre Ziele und Erwartungen analysieren, sehr gut verwendet, denn nur dadurch berücksichtigen Sie auch die Bedürfnisse Ihre Zuhörer. Wie sagt der Volksmund so treffend:

„Der Köder muss dem Fisch schmecken und nicht dem Angler".

Mit der Bezeichnung „Ziel" sind konkrete, sinnlich wahrnehmbare erwünschte Ergebnisse gemeint. Selbstmanagement ist das Managen der eigenen Person. Jede Selbstmanagementstrategie hat nur Erfolg, wenn auch der Körper miteinbezogen wird. Über Body-Feedback kann die eigene Einstellung beeinflusst werden bis hin zu ganzen Verhaltenssequenzen. Wer Erfolg haben will, muss zuerst sich selbst und sein Leben erfolgreich gestalten können. Der Erfolg folgt auf die richtigen Handlungen. Zu jeder intellektuell entwickelten Strategie gehört eine Verkörperung, denn der Geist steht immer in Bezug zum ganzen Körper.

Erfolg beschreibt, dass Sie die Ziele, die Sie sich selbst gesetzt haben, auch erreichen. Durch Überlegung und Abwägen verschaffen Sie sich Klarheit und Eindeutigkeit über Ihre Ziele. Denn nur, wenn Sie sich vorher Ihre Ziele genau definiert haben, können Sie hinterher sagen, welcher „Erfolg" durch die Zielerreichung eingetreten ist. Ziele können sein: erhöhter Gewinn, verbessertes Ansehen, mehr Macht, Zuneigung anderer Menschen, größere Unabhängigkeit und, um in unserem Thema zu bleiben, souveräner und glaubwürdiger aufzutreten, also die eigene Wirkung nach außen hin zu optimieren. Der römische Philosoph und Politiker Seneca hat über die Wichtigkeit, Ziele zu definieren gesagt:

„Wer den Hafen nicht kennt, in den er segeln will, für den ist kein Wind ein günstiger!"

Wer sein Ziel dagegen kennt, kann es auch auf Umwegen oder „zu Fuß" erreichen. Ziele müssen aufgeschrieben werden, konkret, kalkulierbar, unbedingt positiv formuliert, realisierbar, anziehend, terminiert und damit messbar sein – kurzum sie müssen AKKURAT sein.

Man kann sagen, Ziele zu definieren, ist eine Herausforderung. Wenn Sie Ihre Wünsche und Bedürfnisse umwandeln in Ziele, dann setzen diese große Handlungspotenziale frei. Wenn wir dagegen keine Ziele festlegen, dann können wir tun, was wir wollen, jede Handlung, jedes Ergebnis ist richtig und falsch zugleich. Den Erfolg einer Handlung können Sie nur daran messen, ob Sie Ihr Ziel erreicht haben. So nützt die beste Arbeitsmethode erst dann etwas, wenn eindeutig festgelegt wurde, was damit überhaupt erreicht werden soll. Mit anderen Worten, wenn wir nicht festlegen, was wir wollen, ist alles, was wir tun, nur Zufall. Viele Menschen leben so. Die meisten sind sich nicht bewusst, dass sie, auch wenn sie keine Entscheidung getroffen haben, trotzdem entschieden haben.

Für Sie heißt das, wenn es Ihr Ziel ist, souveräner und glaubwürdiger aufzutreten, dann wäre es gut, eine Selbstbefragung durchzuführen. Schreiben Sie die Antworten in Ihr Selbstbuch:

- Habe ich schon die richtige Einstellung?
- Worin bestehen meine Talente und Fähigkeiten?
- Möchte ich tatsächlich in Präsentationen und anderen Auftritten erfolgreicher sein?
- Glaube ich an mich selbst?
- Hat das Ziel negative Folgen oder untragbare Nebenwirkungen?
- Sind die Ziele realistisch und durch mich erreichbar?
- Kann ich jeweils meine Fortschritte erkennen und gegebenenfalls meinen Weg korrigieren?
- Woran werde ich merken, dass ich souveräner und glaubwürdiger auftrete?

Die eigenen Ziele zu kennen und konsequent anzustreben bedeutet, seine Energie auch voll für die eigenen, wichtigen Angelegenheiten einzusetzen.

3.1 Verschaffen Sie sich AKKURAT Zielklarheit

Am Anfang steht oft eine Vision oder ein inneres Wunschbild, auch dies notieren Sie bitte in Ihr Selbstbuch. Entwickeln Sie zunächst Ihr Lebenswunschbild. Sie haben wahrscheinlich ein Bild von sich, das Sie gern erreichen möchten. Sie möchten beispielsweise in Zukunft eine Führungsposition einnehmen. Der Weg dahin geht über das Entwickeln Ihrer Persönlichkeit, das Meistern von Präsentationen, die Verbesserung Ihrer Kommunikationskompetenz und die Befähigung Konflikte leichter zu lösen. Ein Ziel, das Sie sich beruflich oder privat setzen, hat nur Wirkung, wenn Sie bestimmte Kriterien berücksichtigen. Damit ist gewährleistet, dass es sich um Ziele und nicht um Wünsche handelt. Bitte beachten Sie: Formulieren Sie Ihre Ziele, auf dem Weg souverän und glaubwürdig aufzutreten.

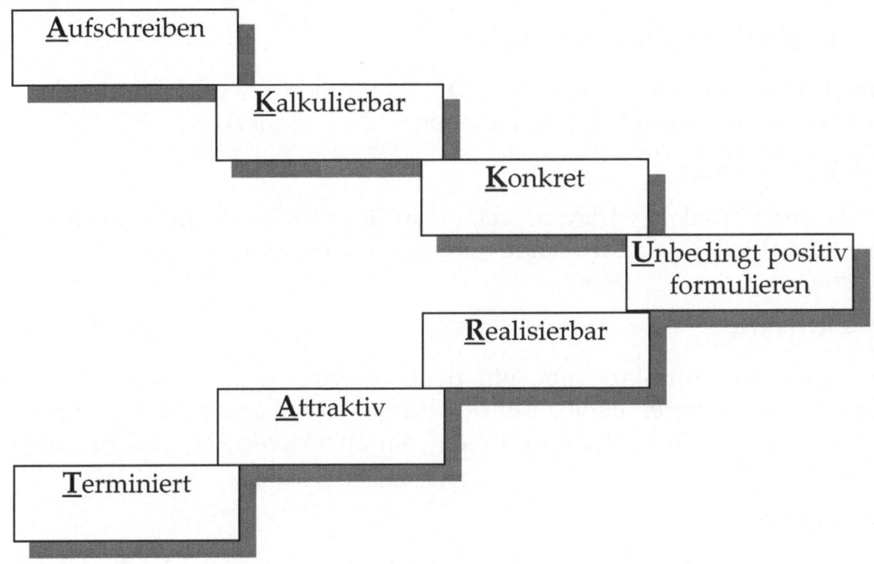

Abbildung 3-1: AKKURAT (© Sibylle Horger-Thies)

A = Aufschreiben

Zuerst schreiben Sie in Ihr Selbstbuch auf, was Ihre persönlichen und beruflichen Ziele sind. Die schriftliche Fixierung hat den Vorteil, dass Sie nachlesen können, was Sie aufgeschrieben haben. Sie halten sich damit selbst in der Spur.

K = Kalkulierbar

Das bedeutet, über die Etappenziele also Schritt für Schritt wird auch ein großes Ziel kalkulierbar. Die Etappenschritte erleichtern es Ihnen, den Weg zum Ziel zu finden.

K = Konkret

Gleichzeitig benennen Sie einzelne Etappenziele möglichst konkret und detailliert. Auch der längste Weg beginnt mit dem ersten kleinen Schritt.

U = Unbedingt positiv formulieren

Beschreiben Sie Ihre Ziele positiv. Der Grund dafür liegt darin, dass unser Gehirn sich „nicht" Formulierungen schlechter merken kann.

R = Realisierbar

Ziele sind vor allem wirksam, wenn man sie erreichen kann, sie realisierbar sind. Weil Sie dadurch motiviert werden, entwickeln sich besondere Kräfte.

A = Attraktiv

Ein Ziel muss attraktiv sein, nur dann aktiviert und motiviert es Sie. Ganz klar ist unser gemeinsames Thema: „Sie möchten kompetenter, souveräner, glaubwürdiger auftreten" ein attraktives Ziel, das zu erreichen sich lohnt.

T = Terminiert

Der letzte entscheidende Schritt bei den Zielkriterien ist die Terminierung. Erst beim geplanten Termin ist messbar, wie weit Sie gekommen sind. Dann können Sie kontrollieren, ob Sie schon alles geschafft haben oder was noch zu tun ist.

Geben Sie Ihrem Gehirn ein detailliertes Zielbild. Wenn Sie das klar vor Augen haben und den Zielzustand assoziieren können, dann wird Ihre gesamte innere Aufmerksamkeit in Richtung auf das Ziel gelenkt. Wer seine Kräfte so auf sein Ziel bündelt, kann seine ganze Energie und Konzentration mit hoher Effizienz einsetzen. Er kann dann immer wieder überprüfen und messen, ob er noch auf der Ziellinie ist, gegebenenfalls müssen weitere Etappenschritte eingeschoben werden bis er bei seinem Ziel angelangt ist.

Ein Ziel sollte immer zum Menschen passen. Der Weg, authentisch und kongruent zu werden ist vermutlich kein kurzer, denn er hat sehr stark mit der eigenen Persönlichkeit zu tun. Shakespeare hat den feinen Satz geprägt: „All the world's a stage", „Die ganze Welt ist eine Bühne" und Damasio [Damasio] hat gefolgert, vielleicht aus dem Zusammenhang, dass der Körper für jeden Menschen die Welt ist: „Der Körper ist die Bühne der Gefühle". Deshalb halte ich es für unmöglich, die Umsetzung des Ziels in Zusammenhang mit der Persönlichkeitsveränderung in einer Art To-do Liste abzuarbeiten. Es reicht nicht zu lernen, wie wichtig es ist, zu lächeln oder dass man die Arme nicht vor der Brust verschränken soll. Das würde unecht und ein bisschen wie ein Roboter wirken. Sind Sie mit sich geduldig, wenn Sie Ihre Veränderungsziele langsam erreichen, ab und zu wird es vielleicht sogar blitzschnell passieren.

3.2 Tipps für die Ziele: festlegen und überzeugen

Legen Sie Ihre Ziele fest – was wollen Sie in der gegebenen Situation erreichen? Die Festlegung von Zielen bringt viele entscheidende Vorteile. Einer von ihnen lautet, Sie sind, wenn Sie etwas wirklich wollen, zu erstaunlichen Leistungen fähig. Denn jedes geplante Ziel hat eine starke Motivationswirkung auf Sie. Wenn Sie sich ein Ziel gesetzt haben, entsteht in Ihnen ein regelrechter Spannungszustand, der die Wirkung einer Antriebskraft besitzt und sich auch bei Störungen erst auflöst, wenn das Ziel erreicht ist. Wenn Sie Ihr Ziel auf das genannte Thema richten, dann konzentrieren sich automatisch Ihre unbewussten Kräfte auf Ihr Tun aus. Dazu möchte ich Ihnen ein paar attraktive Argumente liefern:

Jede Präsentation bietet Ihnen eine achtfache Chance

- Sie können Sympathien gewinnen
- Präsenz zeigen
- Informieren
- in den Dialog treten

– Stellung nehmen
– Einfluss nehmen
– Weichen stellen
– Ihr Selbstbewusstsein stärken

Für alle ist es eine Herausforderung zu präsentieren. Ein wichtiger Grundsatz lautet, mehr aus sich zu machen, sein Leben im Sinne der Selbstbestimmung bewusster zu steuern. Seien Sie nicht der Spielball von Arbeits- und Lebensverhältnissen, also fremdbestimmt. Machen Sie sich selbstbestimmt bewusst, welche Ziele Ihre eigenen sind und welche von außen an Sie herangetragen worden sind. Denn:

„Nicht wie der Wind weht, sondern wie ich die Segel setze, darauf kommt es an!"

Überlegen Sie sich, mit welchen Mitteln und Methoden Sie Ihre Ziele bei der kompetenten Selbstdarstellung erreichen können. Ändern Sie Ihre Ziele, falls erforderlich. Handeln Sie entsprechend.

3.3   Packen Sie die Lebensschatzkiste aus

Wenn Sie auftreten, jede Vorstellung in einer Gesprächsrunde ist zum Beispiel ein Auftritt, dann erzählen Sie, was Sie tun. Was unterscheidet Sie von anderen? Wo sind Ihre Empfindlichkeiten? Zeigen Sie etwas von Ihrer Sensibilität. Natürlich nicht alles, das wäre übertrieben, aber ein wenig. Dadurch unterscheiden Sie sich von anderen und Sie werden als Person für andere nachvollziehbar.

Packen Sie Ihre Lebensschatzkiste aus: Was haben Sie schon in Ihrem Leben gemacht? Was ist typisch für Sie? Wie sind Sie so geworden, wie Sie heute sind? Mal schauen, was sich später verwerten lässt. Das geht Schritt für Schritt und allmählich. Heute können Sie einen Impuls setzen. Was noch nicht ganz funktioniert, kann ja noch werden und sich entwickeln. Doch „ent-wickeln" kann man sich erst, wenn man sich ausgewickelt hat und sich bewusster über sich selbst geworden ist. Jeder Mensch ist sehr komplex und hat einen Hintergrund an Erfahrungen, Einstellungen, Glaubenssätzen, Bedürfnissen, Fähigkeiten und Ansichten. Sammeln Sie die Besonderheiten aus Ihrer Lebensgeschichte heraus und backen Sie daraus eine Gourmettorte, in der Innen- und Außenwelt zu schmecken sind.

3.3.1 Geschichtenerzähler

Gute Redner wissen, woher sie kommen – und zeigen es auch. Sie schöpfen Kraft aus ihrer Vergangenheit. Die vergangenen Erfolge schenken jedem Stärke und Energie. Entdecken Sie die verborgenen Schätze Ihres Lebens. Sie werden sich über die vielen versteckten Überraschungen wundern. Ihre wirkliche Rolle muss erst entdeckt werden. Machen Sie sich als Person greifbar. Wenn Sie von sich erzählen, wird auch die Präsentation spannender. Dadurch verdeutlichen Sie, da steht ein interessanter Mensch, der interessante Inhalte auch interessant verpacken kann. Vielleicht fragen Sie sich jetzt: „Muss ich nun ein Geschichtenerzähler werden, damit ich souverän auftreten kann?"

Genau. Fangen Sie an, ein Geschichtenerzähler zu werden. Die Haltung des Erzählers kann Ihnen helfen, besser aufzutreten. Gewöhnen Sie sich an, mehr aus sich heraus zu kommen, auch privat mehr von sich zu erzählen, damit eignen Sie sich Sprechroutine an. Der weitere Vorteil ist, einige Ihrer Erlebnisse können Sie bei tatsächlichen Präsentationen verwenden und mit einbauen. Auch hier bewirkt das Aufschreiben eine Gedankenklärung. Schreiben Sie die Geschichten von sich in Ihr Selbstbuch. Erzählen Sie auch andere Geschichten, die Sie gehört oder gelesen haben und die sich gut in Ihre Präsentation einfügen lassen. Schreiben Sie diese ebenfalls auf. Sie können sie auch digital speichern.

Bleiben Sie persönlich. Erzählen Sie von sich und ganz selbstverständlich von Ihrem Umfeld. Erzählen Sie kurz und lang, immer und überall. Nachdem Sie oft das Erzählen geübt haben, wirken Sie in Präsentationen überzeugender.

Lassen Sie Ihren Körper miterzählen

Toll wäre es, wenn Sie auch mimisch Teile Ihrer Geschichte darstellen. Mit der mimischen und gestikulierenden Umsetzung kann der Zuhörer besser nachvollziehen, was Sie meinen und ist näher bei Ihnen. Je konkreter, desto besser.

Des Weiteren fällt den Zuhörern die gedankliche Übersetzung leichter, wenn Sie Beispiele geben. Geschichten leben davon, dass man es den Zuhörern erleichtert, den eigenen Film abzuspielen. Man muss visualisieren können, was Sie meinen. Wenn Sie sagen „leicht wie eine Feder" fällt dem Zuhörer die Übersetzung direkt in den Schoß und es ist einfacher für ihn, als wenn Sie nur von leicht sprechen würden. Bilder gehen direkt in den Kopf.

Erklären Sie wenig, lassen Sie die Geschichte wachsen. Nicht Sie interpretieren, das ist allein Aufgabe des Zuhörers. Der will sich seinen eigenen Reim machen. Passt Ihre Geschichte nicht kongruent zur eigenen Rolle und wenn Sie beim Erzählen Unsicherheit verströmen, verunsichert das auch die Zuhörer. Was sollen sie glauben, wenn die Geschichte anscheinend nicht passt. Gute Geschichten sind kongruent und passen zu dem Stoff, den man vertritt. Sie laden den Zuhörer zum Miterleben ein. Hilfreich kann eine kleine Pause sein, damit die Geschichte sich entfalten kann wie eine mit Zeitraffer gefilmte Blüte.

Achten Sie unbedingt auf Ihren Gegenüber. An seinem Gesicht oder Verhalten können Sie ablesen, ob Sie ihn erreicht haben oder nicht.

„Geschichten erzählen lernen" ist wie das Erlernen einer neuen Sportart. Wie lange hat es gedauert bis Sie beispielsweise richtig Ski fahren konnten? Erst durch das häufige Geschichtenerzählen werden Sie gut. Mit der Übung wird es flüssiger und macht immer mehr Spaß. Denn die Geschichte wird glaubwürdiger und passender; sie fängt an zu leben. Während Sie erzählen, muss sie vor Ihrem geistigen Auge neu entstehen – eine eintönig erzählte Geschichte begeistert keinen. Geschichten verändern sich manchmal, vielleicht erzählen Sie die Geschichten je nach Publikum auch unterschiedlich. Überraschen Sie sich und die Zuhörer jedes Mal aufs Neue.

Die Geschichte entfaltet sich wie eine mit Zeitraffer gefilmte Blüte.

Foto: Sibylle Horger-Thies

4 Kompetenzstärkung durch Selbstreflexion

Im Laufe ihres Lebens entwickeln Menschen aufgrund ihrer Erfahrungen ein Schema, das sie sich von sich selbst und von ihrer Umwelt machen. Dieses „Selbstbild" ist ganz individuell geprägt. Häufig deckt es sich nicht mit dem Bild, das andere von ihnen haben. Da jeder seine individuelle Betrachtung für die „Realität" hält, führt dies immer wieder zu Missverständnissen. Nun nimmt jeder an, seine eigenen Vorstellungen seien wahr und richtig. Jeder ist davon überzeugt, seine eigene Realität ist korrekt.

Persönliche Glaubenssätze

Beim Überlegen über sich selbst stoßen Sie vielleicht auf bestimmte Ansichten und feste Grundsätze, von denen Sie absolut überzeugt sind. Hier möchte ich Sie mit dem Begriff „Glaubenssätze" bekannt machen. Das sind Aussagen und Annahmen, die nicht überprüft werden. Beispiele für Glaubenssätze sind Aussagen wie:

- „Das liegt bei uns in der Familie" oder
- „Das ist unmöglich" oder
- „... bedeutet Schwäche".

Wenn Sie auf eine Verallgemeinerung stoßen, sollten Sie deshalb aufmerksam werden und noch mal nachdenken, ob Ihre Ansicht, Ihr Glaube auch wirklich richtig ist und einer Überprüfung standhält. Das können Aussagen sein wie:

- „Bei Lärm kann man sich nicht konzentrieren" oder
- „Das darf man nicht tun" oder
- „Das werde ich nie lernen" oder
- „Ich bin nicht kompetent in Präsentationen".

Rotes Warnlicht

Vor allem bei Glaubenssätzen, die Sie in Ihrer Handlungs- und Erlebensfreiheit einschränken, wäre es gut, wenn in Ihrem Hinterkopf ein rotes Licht aufblinken würde. Das fordert Sie auf, noch einmal darüber nachzudenken und die Begrenzung zu hinterfragen. Die wirksamsten Glaubenssätze, denen Menschen unterworfen sind, beziehen sich auf die eigene Identität. Sie sind deshalb so einflussreich, weil sie keiner Realitätsprüfung standhalten müssen. In der Regel werden sie nicht hinterfragt. Selbst wenn jemand gegenteilige Erfahrungen gemacht hat, verwirft er sie nicht und ersetzt sie durch neue Erkenntnisse. Auch logischen Argumenten sind sie nur schwer zugänglich.

Glaubenssätze tauchen zusammen mit bestimmten Emotionen auf. Diese sind häufig drei Bereichen zuzuordnen:

- dem Gefühl der Hoffnungslosigkeit
- der Hilflosigkeit und der
- Wertlosigkeit

Beispiel Meeting

Wenn Sie vor der Situation stehen, während eines Meetings einen Wortbeitrag abzuliefern, dann spüren Sie zum Beispiel, wie sich eine negative Stimmung in Ihnen breit macht, die besagt:

- „Ich kann das nicht" oder
- „Andere können das besser sagen, mein Beitrag ist überflüssig – ich bin überflüssig" oder
- „Wie soll ich das nur formulieren, ich kann nichts richtig auf den Punkt bringen – ich bin unfähig"

und Sie fühlen sich niedergeschlagen oder gelähmt. Das sind alles Gefühle, mit denen Sie sich tadellos selbst fertig machen können. Da braucht es dann keine anderen Menschen, das schaffen Sie ganz alleine.

Glaubenssätze negativer Natur schwächen den Aufbau Ihres Selbstbewusstseins. Sie wirken wie Stolpersteine, über die Sie jedes Mal erneut wie der Butler in „Dinner for One" über das Bärenfell, drüberfallen. Die ungeprüften Glaubenssätze hindern Sie daran, aus Fehlern zu lernen. Erst wenn Sie aktiv daran gehen, sie aufzulösen, machen Sie den Weg frei für Neues. Das kann sich in Form eines gestärkten Selbstbewusstseins ausdrücken.

Menschen mit einem guten Selbstbewusstsein und austarierten Glaubenssätzen sind sich ihrer Stärken und Schwächen bewusst. Sie haben ihre schwächeren Seiten akzeptiert und leben mit ihnen. Ablehnung und Kritik machen ihnen wenig zu schaffen und sie leiden nicht darunter.

Selbstbewusste Person

Eine selbstbewusste Person tritt mit Mut und Zuversicht auf und ist überzeugt von ihren Fähigkeiten und Besonderheiten. Sie steht auch in der Öffentlichkeit aktiv und offensiv zu sich selbst. Das bedeutet in unserem Fall, dieser Kollege würde im Meeting etwas sagen, egal ob er andere wiederholt oder sich nicht ganz geschickt ausdrückt. Sie würden vielleicht bewundernd zu ihm hinüberschauen und denken, „so hätte ich das auch sagen können" oder „ich will auch mal so forsch meine Meinung formulieren". Nur – er hat es halt getan.

Vor allem wenn negative Stimmen in Ihnen auftauchen, Verallgemeinerungen, Sätze ein Gefühl der Wert- und Hoffnungslosigkeit auslösen, denken Sie in Zukunft nach und fühlen Sie in sich hinein. Dies sind Glaubenssätze, die Sie daran hindern, Ihr Selbstbewusstsein aufzubauen.

4.1 Menschliches Verhalten leicht erklärt

Nachdem die Transaktionsanalyse seit ca. 60 Jahren im berufsbezogenen Verhaltenstraining eingesetzt wird, gehört sie in Deutschland mittlerweile zu den etablierten psychologischen Methoden. Die TA von Eric Berne [Berne] ist eine Theorie der Persönlichkeit, die menschliches Verhalten leicht verständlich erklärt. Mit Transaktion ist Kommunikation gemeint und der Austausch zwischen zwei oder mehreren Gesprächspartnern.

Hier hat Berne sehr grundlegende Aussagen über die Psychologie der menschlichen Beziehungen gemacht. Er entwickelte aus der freudschen Psychoanalyse [Freud] ein psychotherapeutisches Verfahren, das sehr praxisbezogen und gut verständlich ist. Modelle wie die Ich-Zustände oder die Transaktionen laden dazu ein, eigenes und fremdes Verhalten zu orten und zu analysieren. Es ist eine Methode, die sich im beruflichen Alltag sowie privat bewährt hat und gut einsetzbar ist.

Die Analyse der Kommunikation beschränkt sich nicht auf das äußerlich wahrnehmbare Verhalten, sondern schaut sich auch die Hintergründe und die Persönlichkeit an. Daraus ergeben sich folgende Fragen:

- Welche sich ständig wiederholenden Verhaltensmuster erkenne ich bei mir selbst und bei meinen Mitmenschen?

- Was möchte der Betreffende durch sein Verhalten wirklich erreichen?
- Welche Normen, Prinzipien, Annahmen, Vorstellungen, Phantasien und fixen Ideen bestimmen, in vielleicht unbewusster Weise, sein Verhalten?
- Wie sabotiert er sich selbst?

Trotz des Begriffs „Analyse" ist die TA eine Methode, bewusste Veränderungen im Erleben und Verhalten herbeizuführen. Dahinter steht die Strategie: Sie erleben Ihre eigenen Einstellungen und Gefühle und die sich daraus ergebenden Verhaltensmuster bewusst. Sie erkennen zunehmend, welche Verhaltensmuster zu unproduktiven Ergebnissen führen. Daraus entwickeln Sie Alternativen. Das Ergebnis ist eine wachsende Autonomie im Umgang mit sich selbst und mit anderen.

> Die Transaktionsanalyse ist eine Methode, die bewusste Veränderungen herbeiführen kann. Aktionen und Reaktionen des Gegenübers werden identifiziert. Der eine bietet Verhalten an, der andere reagiert mit seinem Verhalten darauf. TA ist leicht zu verstehen, weil sie ein einfaches Beschreibungsmodell für Kommunikation und Persönlichkeit bietet.

Erkennen Sie die Ich-Zustände
Jeder Mensch hat, grob betrachtet, drei Ich-Zustände. Alle drei sind parallel immer in uns vorhanden. Wir wechseln ständig hin und her, einer davon ist jeweils aktiv. Das geht oft sehr schnell und ist dann kaum beobachtbar. Schauen wir uns im Einzelnen an, um was für Zustände es geht. Dazu zeige ich Ihnen eine Grafik, in der Sie alle Ich-Zustände im Überblick sehen. Jeder Mensch hat alle Anteile, auch die Unterteilungen.

4.2 Das Persönlichkeitsmodell der Transaktionsanalyse

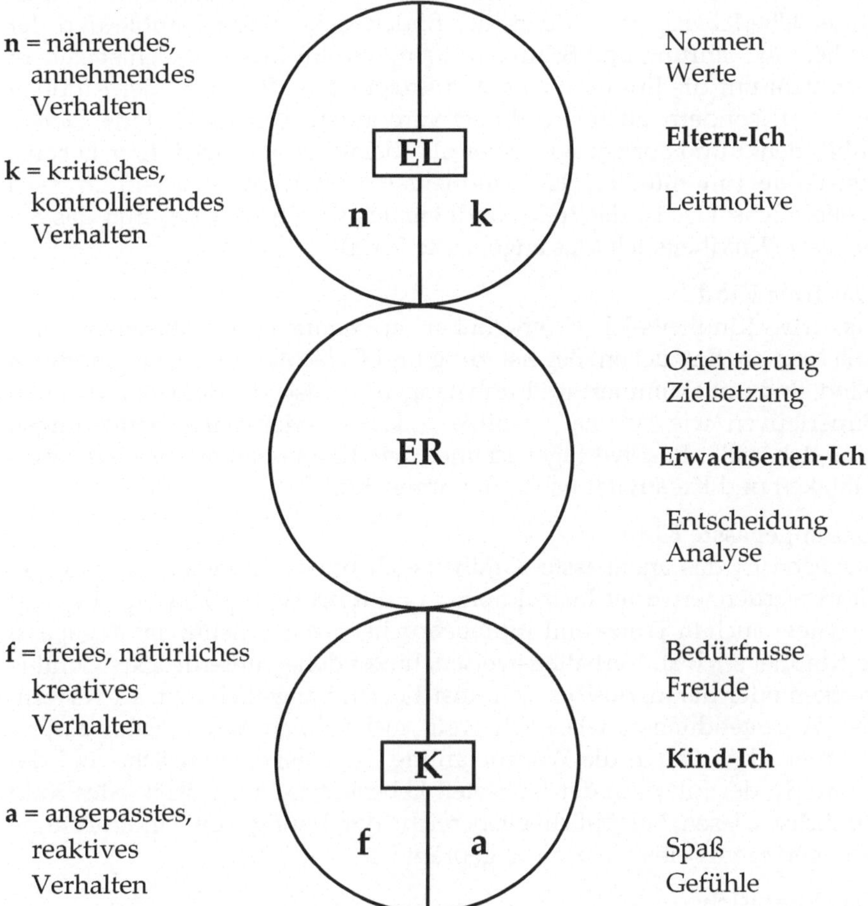

Abbildung 4-1: Persönlichkeitsmodell der Transaktionsanalyse
Quelle: Erstellt nach Eric Berne

Das Kindheits-Ich

Dies ist der entwicklungspsychologisch als erster entstandene Ich-Zustand, der schon vorhanden ist, wenn wir auf die Welt kommen. Er ist unser Überlebensgarant, denn hier finden sich unsere Gefühle und der Wille, um Nahrung und Schutz zu kämpfen. Im Kindheits-Ich speichern wir nicht nur die Erinnerungen von Ereignissen, die wir in der Kindheit erlebten, sondern auch die damit verbundenen Gefühle. Eine Person fühlt, denkt und spricht wie sie es als Kleinkind aufgrund ihrer Lebensumstände tun musste. Das Kindheits-Ich ist noch unterteilt in zwei weitere Ichs: Das ist das freie Kindheits-Ich (das freie Kind) und das angepasste Kindheits-Ich (das angepasste Kind).

Das freie Kind

Das freie Kindheits-Ich ist erkennbar an spontanen Gefühlsausbrüchen wie Necken, Entzücken, Begeisterung und Gelächter. Menschen im freien Kind sind unbekümmert und unbefangen. Typisch ist der Gebrauch von Superlativen wie „prima", „spitze", „krass" oder Wunschäußerungen wie „Ich will". Positive Eigenschaften wie Emotionalität, Begeisterungsfähigkeit und Kreativität haben hier ihren Sitz.

Das angepasste Kind

Dagegen ist das angepasste Kindheits-Ich brav und gehorsam, will geführt werden, erwartet Instruktionen und führt sie kritiklos aus. Es zeigt sich aber auch in Trotz- und Wutausbrüchen. Man erkennt das angepasste Kindheits-Ich an Verhaltensweisen, hinter denen unterdrückte Gefühle stecken oder daran, dass es sich unsicher und ängstlich gibt. Es verwendet Wortwendungen wie: „Ich weiß nicht", „Ich kann nichts dafür", „immer ich" . Durch die Wahrnehmung der eigenen Schwäche und der Allmacht der Eltern in der frühesten Lebensphase entwickelt jedes Kind zunächst diesen Persönlichkeitsbereich, der häufig von Unterordnung und geringem Selbstwertgefühl geprägt ist.

Das Eltern-Ich

Als nächster Ich-Zustand entwickelt sich das Eltern-Ich. Hier sind viele Verhaltensweisen der eigenen Eltern oder sonstiger wichtigen Bezugspersonen abgelegt. Jeder Mensch hat in seinem Unbewussten Botschaften der Eltern oder anderer Autoritätspersonen gespeichert. Die Aussagen, die uns wichtig erschienen, haben wir im Gehirn wie ein Tonband aufgezeichnet. Den Speicher nennt man Eltern-Ich. Darin sind Gebote, Lebensregeln, Verbote, Verhaltensvorschriften gespeichert, die oft ungeprüft übernommen und weitergegeben werden. Eine Person fühlt, denkt und spricht, wie sie es von den Autoritätspersonen, meist den Eltern, als kleines Kind erlebt und beobachtet hat. Auch im Eltern-Ich gibt es noch eine weitere Aufteilung: das nährende Eltern-Ich und das kritische Eltern-Ich.

Das nährende Eltern-Ich

Zum nährenden Eltern-Ich kann man auch fürsorglicher Anteil sagen. Es zeigt sich, wenn wir uns hilfsbereit, nährend oder unterstützend verhalten mit Aussagen wie: „gut gemacht", „weiter so", „ich bin mit dir sehr zufrieden", „ist in Ordnung". Fürsorge, Trösten und Verantwortungsbewusstsein sind hier verwurzelt.

Das kritische Eltern-Ich

Dagegen steht das kritische Eltern-Ich. Dies zeigt sich argwöhnisch und kontrollierend. Wenn unser kritisches Eltern-Ich dominiert, dann verhalten wir uns mahnend, befehlend, kritisierend und benützen Aussagen wie: „lass das", „Finger weg", „schlechte Arbeit", „so geht das nicht". Hier ist das Ich meist von autoritären Botschaften, Regeln und Verhaltensnormen geprägt, die oft im Imperativ erscheinen.

Das Erwachsenen-Ich

Chronologisch gesehen entsteht das Erwachsenen-Ich als letzte Instanz. Ich habe es in der Abbildung des Persönlichkeitsmodells 4 - 1 schematisch in der Mitte abgebildet, weil es die beiden anderen Ich-Zustände Kind und Eltern zusammenhält (oder als vernünftige umsichtige Instanz halten sollte). Eine Person fühlt, denkt und spricht, wie es sich durch die Nutzung des eigenen Verstandes in der momentanen Situation und Realität ergibt. Dieser rationale und emotional kühle Persönlichkeitsbereich bildet sich so allmählich heraus, spätestens in der Pubertät nimmt es sich Raum.

Allerdings ist das Erwachsenen-Ich bei manchen Menschen sehr schwach entwickelt. Als Erwachsenen-Ich wird der Anteil in uns bezeichnet, der Probleme löst, Informationen und Tatsachen sammelt. Es prüft die Daten, die bei den anderen Ich-Zuständen gesammelt werden, ob sie noch aktuell und nützlich sind. Das Erwachsenen-Ich funktioniert wie ein Datenverarbeitungssystem. Es prüft die gesammelten Informationen, schätzt mögliche Wahrscheinlichkeiten ab und produziert Entscheidungen. Typische Verhaltensweisen sind: überlegen, denken, abwägen.

Während Eltern- und Kindheits-Ich ungeprüft aufzeichnen, was passiert und darauf reagieren, werden im Erwachsenen-Ich die verschiedenen Erfahrungen gegeneinander abgewogen. Das Grundvokabular des Erwachsenen-Ichs besteht aus Frageworten: was, wo, wer, wie, wozu, wann.

Wenn Sie sich fürsorglich oder kritisch-autoritär verhalten, agieren Sie aus dem Eltern-Ich. Reagieren Sie auf eine Situation angemessen und logisch, ist Ihr Erwachsenen-Ich aktiv. Sind Sie natürlich-verspielt, angepasst oder rebellisch-trotzig, überwiegt Ihr Kindheits-Ich.

4.2.1 Die Ich-Zustände im Überblick

	Eltern-Ich		Erwachsenen-Ich	Kindheits-Ich	
	kritisch	nährend		frei	angepasst
Verhalten	wertend, abwertend, fordernd, verurteilend	tröstend, verstehend, mitfühlend, beratend	Daten verarbeitend, selbständig, objektiv, fragend,	kreativ, lustig, begeistert, spontan, gefühlsbetont, zornig	vorsichtig, gehorchend, scheu, ängstlich, an anderen orientiert
Wortwahl	müssen, sollen, schon wieder! böse, dumm, faul, unfähig	ich kann Sie verstehen, alles halb so schlimm	ich meine, denke, was ist Ihre Meinung?	ich will, ich wünsche mir, ich bin sauer	es ist nicht meine Schuld, oh weh, was soll ich tun?
Tonfall	vorwurfsvoll, befehlend, maßregelnd, kritisierend	beruhigend, teilnehmend, wohlwollend	selbstsicher, sachlich, neutral, eher emotionslos	freudig, überschäumend, protestierend, wütend	leise, klagend, schmollend, weinerlich, quengelnd

	Eltern-Ich		Erwach-senen-Ich	Kindheits-Ich	
	kritisch	nährend		frei	angepasst
Mimik	missbilligender Blick, zusammen-gekniffene Augen, gerunzelte Stirn, Mundwinkel nach unten gezogen	besorgter, mitfühlender Blick, große Augen, tröstendes Lächeln	aufmerksamer Blick, beobachtend, offene, direkte, Mimik, eher ernst als lächelnd	verschmitzter, offener Blick, aufgeregter, überraschter Eindruck, Augenbrauen hochgezogen, trotzig-böser Blick	unsicherer, eingezogener Blick, vorsichtiges, angepasstes Lächeln, „braver Ausdruck"
Haltung	aufgeblasener Ausdruck, steife, gezwungene, distanzierte Haltung	teilnahmsvolle, ruhige, zugewandte Haltung, Kopf schräg	aufrecht, Körper oder nur Kopf dem Partner zugewandt	verspielte, lässige, energievolle oder trotzige Haltung	unsicher, hängende oder hochgezogene Schultern, geduckt
Gestik	ausgestreckter Zeigefinger, Hände in die Hüfte gestemmt	Kopf tätschelnd, schulterklopfend, Hände geöffnet	erklärende, unterstützende Gestik, Fingerspitzen aufeinandergelegt mit und ohne Druck	aufgeregt, klatschend, triumphierend, Fäuste geballt, ungeduldig, Fuß aufstampfend	hilflos, achselzuckend, bewegungslos, Hände verkrampft, Finger zupfend

Typische Aussagen der Ich-Zustände

Freies Kind:
- Ich tue es, weil es mir Spaß macht!
- Lass mich doch in Ruhe!
- Das ist doch idiotisch!
- Jawohl – Feierabend!

Angepasstes Kind:
- Was soll ich denn bloß machen?
- Ich tue ja schon mein Bestes.
- Ach weh, ich schäme mich so! Dabei habe ich mir soviel Mühe gegeben.
- Ich gehe jetzt zur Post, soll ich noch etwas abholen?

Nährendes Eltern-Ich:
- Das haben Sie wirklich gutgemacht!
- Nehmen Sie es nicht so tragisch, wir machen alle mal Fehler.
- Nun lassen Sie nur nicht gleich den Kopf hängen! Möglicherweise finden wir doch noch eine Lösung.
- Reiß dich zusammen, Mensch – dann schaffen wir es!

Kritisches Eltern-Ich:
- Warum haben Sie diesen Bericht immer noch nicht rausgeschickt?
- Wie oft habe ich Ihnen schon gesagt, dass ich morgens als erstes die Post auf dem Schreibtisch haben will!
- So klappt das niemals!
- Merken Sie sich: Sie sind hochgradig unfähig!

Erwachsenen-Ich:
- Welche Möglichkeiten sehen Sie?
- Wie viel Stück haben wir letzten Monat verkauft?
- Was ist Ihre Ansicht zu dem Thema?
- Wohin entwickelt sich unser Unternehmen?

4.3 Tipps zur Selbstpräsentation

Zu den Hauptzielen der Transaktionsanalyse zählt das Akzeptieren der eigenen Person. Zunächst einmal nehmen Sie sich einfach so, wie Sie sind. Erst danach wird das zweite große Ziel angegangen, das eigene Verhalten zu verändern. Besser ausgedrückt heißt das, nach einer genauen Analyse gewinnen Sie Klarheit über Ihre Gefühle und Einschätzungen und sind dadurch allmählich fähig, bisherige Verhaltenarten zu verbessern. Sie fangen an, indem Sie immer wieder in einen inneren Dialog einsteigen. Das Schöne dabei ist, nachdem Sie die innere Diskussion trainiert haben, gewinnen Sie sehr schnell auch einen verständnisvolleren Blick auf Ihre Mitmenschen. Sie verstehen deren Bedürfnisse und Erwartungen an Sie besser und können dadurch anders reagieren bzw. erklären, warum Sie in einer Situation die Erwartungen nicht erfüllen konnten.

Ein weiteres Ziel der TA ist, Ihnen ein gesundes Selbstwertgefühl zu ermöglichen. Das wird jeweils bestärkt, wenn Sie sich selbst entscheiden. Durch das erweiterte Verständnis vergrößert sich Ihr Interventionsspielraum. Es wird leichter für Sie zu reagieren, weil es Ihnen jetzt möglich ist, zwischen Ihren verschiedenen Ich-Zuständen zu wählen. Dadurch nehmen Sie schneller wahr, wenn Sie z.B. in einer Situation, in der jemand Sie angreift, in Ihr angepasstes Kind verrutschen und sich (als eine Möglichkeit) schuldig fühlen. Aus diesem, für eine Situationsklärung nicht gerade förderlichen, Ich-Zustand können Sie bewusst Ihr Erwachsenen-Ich aktivieren. Das definiert dann die Situation, sucht nach machbaren Lösungsschritten und geht diese aktiv an.

Wenn beim Gesprächspartner das Erwachsenen-Ich die Führung übernommen hat, können Sie das leicht an Ihrer Wahrnehmung identifizieren, dass Ihnen besonders aufmerksam zugehört wird. Er wendet Ihnen das Gesicht offen und direkt zu. Dann haben Sie die volle Aufmerksamkeit Ihres Gegenübers. Er reflektiert, was Sie sagen und spricht nur, nachdem er nachgedacht hat.

Mit Hilfe dieser Analyse wird es Ihnen in Zukunft möglich sein, nicht nur sich selbst besser zu erkennen, Sie werden auch einen verständnisvolleren Blick auf andere Menschen haben. Da sich Ihre Menschenkenntnis verbessert hat, wird dies wie ein Turbolader automatisch Ihre Verständigung und damit die Kommunikation mit anderen vereinfachen.

Und schon sind wir dem Ziel: kompetent aufzutreten, einen großen Schritt näher gekommen.

Achten Sie auf Ihre eigene Befindlichkeit und analysieren Sie Ihren Ich-Zustand. Bei Bedarf können Sie ihn jetzt bewusst wechseln. Erkennen Sie andere besser, indem Sie herausfinden, in welchem Ich-Zustand sie sich befinden. Dadurch können Sie besser kommunizieren und eventuell sogar gezielt bestimmte Ich-Zustände beim anderen ansprechen.

Übung: Sich offen präsentieren

Stellen Sie sich vor dem Spiegel gerade hin. Trainieren Sie, dazustehen ohne Gliedmaßen zu verschränken.

Lassen Sie die Arme locker herunterhängen.

Entspannen Sie Ihre Finger.

Stehen Sie auf beiden Beinen.

Halten Sie den Kopf frei beweglich.

Mit einer offenen Körpersprache signalisieren Sie Ihren Mitmenschen, dass Sie kontaktfreudig sind und andere willkommen heißen. Sie erwecken dadurch Sympathie. Nebenbei fühlen Sie sich selbst sicherer. Übertreiben Sie bitte nicht, das wirkt auf andere unecht und deshalb unsympathisch.

5 Das innere Team

Nehmen wir an, Sie möchten daran arbeiten, Ihre negativen Glaubenssätze abzuschwächen und stattdessen Ihr Selbstbewusstsein zu verstärken. Da gibt es mehrere Wege, um zum Ziel zu gelangen. Ich möchte Ihnen einen Hilfsgedanken an die Hand geben: Stellen Sie sich vor, Sie würden ein Theaterstück über sich selbst schreiben.

Alle Rollen und Aufgaben, die beim Theater eine ganze Crew übernimmt, erledigen Sie allein. Verstärkung bekommen Sie durch Ihr „inneres Team". Tipps und Tricks kann man sich von den Fachleuten abschauen. Auf den Bühnen des Lebens sind Sie Ihr Produzent. Als Ihr eigener Produzent, der sich selbst als ein Kunstwerk sieht, müssen Sie gezielt vorgehen. Als Produzent oder Selbstvermarkter wissen Sie genau, was Sie sehen wollen.

Notieren Sie bitte Ihre Erkenntnisse in Ihr Selbstbuch, damit Sie sich erinnern und immer wieder darauf zugreifen können. Nur durch ständiges Reflektieren lassen sich Verhaltensveränderungen erreichen.

Betrachten Sie sich als einen Künstler, der auf den Bühnen des Lebens agiert. Fangen Sie an, die Perspektive des Selbstvermarkters einzunehmen und notieren Sie Ihre Beobachtungen in Ihr Selbstbuch. So halten Sie Ihre Verbesserungen fest.

Den Begriff des inneren Teams verwendet Friedemann Schulz von Thun [Schulz von Thun 1998] sogar als ein Persönlichkeitsmodell. Er bezeichnet die Vielfalt des Innenlebens mit dieser Metapher: dem Team, das aus den verschiedenen Teammitgliedern und einem Leiter besteht. Darin entsteht eine eigene Gruppendynamik. Manche Teammitglieder machen sich nur im Innenleben bemerkbar, wo sie als Gedanke, Gefühl oder Körpersignal auftreten. Sie sind fast unsichtbar. Andere zeigen sich ganz deutlich auch nach außen gerichtet und sind leicht zu identifizieren.

5.1 Kompetenzstärkung durch Persönlichkeitstraining

Wenige fragen, wie eigentlich ihre typischen Verhaltensweisen aussehen und wie sich ihr Verhalten auf andere Menschen auswirkt, mit denen sie zu tun haben. Hier ist es entscheidend, sich zuerst selbst zu verstehen. Vielleicht ist Ihnen schon aufgefallen, dass Sie manchmal widersprüchliche Gedanken haben. Mal drängt es Sie in diese und mal in die andere Richtung. Ab und zu fragen Sie sich nach getroffenen Entscheidungen, warum habe ich mich so und nicht anders entschieden? Haben Sie schon gemerkt, dass es hier in Ihnen drin regelrecht Stimmen gibt, die Sie in unterschiedliche Richtungen beraten?

Bei den Stimmen des inneren Teams gibt es verschiedene Anteile: wohlwollende, ermutigende, abqualifizierende und abwertende. Hier ist es wichtig, erst einmal zu lernen, die inneren Stimmen zu hören, dann ihnen zu vertrauen und ihnen schließlich immer mehr Entscheidungsfreiheit einzuräumen. Es gibt vor allem eine sehr positive innere Stimme. Die meisten Menschen hören die innere Stimme, auch bekannt als das Bauchgefühl sehr wohl, aber häufig ignorieren sie ihre Ratschläge und handeln so, wie es sich ihr Verstand ausdenkt.

Bei vielen Menschen ist vor allem die kritische innere Stimme ausgeprägt und es fällt ihnen sehr schwer, den inneren Kritiker abzuschütteln. Dieser hatte früher, als sie noch klein waren, durchaus seinen Sinn, denn er schützte vor Scham und Schmerz, half dabei mit, alles richtig zu machen. Früher war er eine Art inneres Unterstützungssystem. Nachdem man immer erwachsener geworden ist, sollte er seine Funktion verlieren und durch das Erwachsenen-Ich ersetzt werden. Damit Sie die kritische, oft zensierende innere Stimme besser orten können, helfen die Erkenntnisse der Transaktionsanalyse. Dies ist hilfreich bei der Idee, zielbewusst, souverän und glaubwürdig aufzutreten.

Wie Sie erfahren haben, gibt es mehrere Verbündete in Ihrem inneren Team. Die Ich-Zustände in uns sind ein zentraler Begriff des inneren Teams und es lohnt sich in Hinblick auf Auftritte, sie näher zu betrachten.

Man kann regelrecht sehen, wie sich Menschen verändern, wenn sie von einem Ich-Zustand in den anderen wechseln. Gesichtsausdruck, Vokabular, Gesten, Haltungen und sogar Körperfunktionen wie ein errötendes Gesicht oder ein beschleunigter Herzschlag sowie ein schnellerer Atem können beobachtet werden. Diese Ich-Zustände stehen ein Leben lang im Dialog miteinander. Je nach Stadium der Selbstreflexion werden Sie durch sie behindert oder gefördert.

5.2 Vier Lebensgrundeinstellungen

Die Theorie, die ich Ihnen jetzt vorstellen möchte, identifiziert vier grundsätzliche Lebenseinstellungen und geht ebenfalls aus der Transaktionsanalyse hervor. Sie wirken sich prägend auf Einstellungen und Verhalten aus. Wie schon Goethe so schön sagte: „Zwei Seelen wohnen, ach, in meiner Brust." So haben sich zu allen Zeiten Philosophen, Mythen und religiöse Vorstellungen mit dem in sich widerstreitenden Charakter des Menschen auseinandersetzt. Der Kampf des Bösen gegen das Gute, das Innere gegen das Äußere ist ein uraltes Menschheitsthema.

Thomas A. Harris [Harris], ein Schüler Eric Bernes erkannte die vier Standpunkte zusammen mit seiner Frau Amy Bjork Harris. Sie untersuchten die Frage: Was gibt uns immer wieder das Gefühl „Mit mir ist nichts los, ich schaff es nicht, und darum bin ich oft so geschafft". Dabei entdeckten Sie folgendes. Menschen lassen sich nach vier gegensätzlichen existenziellen Lebenseinstellungen einteilen:

– Ich bin o.k., du bist o.k.
– Ich bin nicht o.k., du bist o.k.,
– Ich bin o.k., du bist nicht o.k.,
– Ich bin nicht o.k., du bist nicht o.k.

Diese vier Standpunkte prägen alle Lebensbereiche. Deshalb sind sie auch bei jedem Auftritt wirksam. Die Erkenntnis stammt aus Beobachtungen von Kleinkindern. Ein Säugling bis etwa zum Alter von fünf Jahren befindet sich in einer ziemlich hilflosen Lage: Er ist ganz abhängig von den „Riesen" um sich herum, die ihm Nahrung, Liebe und Wärme geben. Darum entwickelt er die Meinung „Du bist o.k., ich bin nicht o.k.", worin sich seine Hilflosigkeit und sein Angewiesensein auf andere ausdrückt.

Alle in dieser Lebensphase gesammelten Erfahrungen werden als Erinnerungen gespeichert und bleiben ein Leben lang aktiv. Auch als Erwachsene holen wir sie hervor, wenn wir in eine Abhängigkeitssituation geraten, sogleich fühlen wir uns wieder als das hilflose Kind, das wir damals waren. Dieser frühkindliche Denkprozess und die dort festgelegte Auffassung ist beharrlich und prägt uns sehr stark. Als Erwachsene haben wir vergessen, wie wir zu der Auffassung „Ich bin nicht o.k., du bist o.k." gelangt sind.

Nun gibt es aber schon bei Kindern Unterschiede im Selbstbewusstsein. Ich vermute, dass Kinder, denen durch elterliches Bemühen beständig gezeigt wurde, dass sie geliebt werden, eher in der Lage sind, sich selbstbewusst zu entwickeln. Auch sie haben natürlich ihre Nicht-o.k.-Momente, aber sie sind mehr in der Lage, sie wegzustecken. Sie verhalten sich aufgeschlossen, aufgeweckt, neugierig und vertrauensvoll. Im Gegensatz dazu stehen Kinder, die ein mürrisches, weinerliches oder schreckhaftes Verhalten zeigen.

Stellt sich bei Ihnen in Phasen, in denen Sie ein Problem lösen müssen, die Auffassung „Ich bin nicht o.k., du bist o.k." ein, dann ist das ein Hinweis darauf, dass Sie Ihre Gefühle aus der ursprünglichen Situation der Hilflosigkeit, die Sie in Ihrer Kindheit gespeichert haben, in der Gegenwart abrufen.

Zum Beispiel kann das passieren, wenn Sie sich von einem Vorgesetzen in die Enge getrieben fühlen. Oder in anderen Situationen fühlen Sie sich müde, kaputt, krank, missverstanden oder ungerecht behandelt. All das sind Hinweise darauf, wie das alte Gefühl „Ich bin nicht o.k., du bist o.k." sich Raum verschafft. Nun möchte ich Ihnen empfehlen, machen Sie sich klar, dieses Gefühl trifft heute nicht mehr zu, Sie sind keineswegs hilflos.

Sie sind in der Lage, die Entscheidung, die Sie als schwaches, abhängiges Baby trafen, heute als Erwachsener zu revidieren. Förderlich für den Erwachsenen ist die gesunde, hilfreiche Auffassung: „Ich bin o.k., du bist o.k.", denn sie gibt Ihnen Stärke und ermöglicht einen nüchternen, sachlichen Blick auf die anderen. Denken Sie in so einer Lage zum Beispiel:

„Ich kann selbst für mich sorgen. Ich kann mich verteidigen und ich kann mich wehren."

Beispiel aus der Softwareentwicklung

Der Softwareentwickler Xaver Lauber hat vergessen, einen wichtigen Kunden darüber zu informieren, dass er seinen Softwarestand später als vereinbart liefern wird. Sein Vorgesetzter Norbert Giftig schreit ihn an:

„Sie sind völlig inkompetent, nichts kann man Sie allein machen lassen!"
Lauber verschlägt es die Sprache und er fühlt sich miserabel.

Empfehlenswert für Lauber ist es, in dieser Situation, wenn er sich nun
hilflos und wertlos fühlt, zu überlegen. „Mache ich wirklich alles falsch?
Das stimmt doch gar nicht! Ich bin kompetent und kann selbständig
handeln, das habe ich schon oft bewiesen". Durch diese Überlegungen
verschwindet das Gefühl der Wertlosigkeit sehr schnell. Stattdessen wird
sich Lauber hinstellen, sich vielleicht entschuldigen und für Abhilfe aus
der verfahrenen Situation sorgen.

Generieren Sie in sich immer die Grundeinstellung: „Ich bin o.k., du bist o.k."
Das ist die hilfreichste und gerechteste Einstellung. Sie hilft Ihnen nicht nur,
sich gut zu fühlen, sondern auch, andere Menschen besser zu verstehen.

5.3   Identifizieren Sie aufbauende Instanzen

Betrachten wir mal das Beispiel, von dem Sie gerade gehört haben. Was
ist da passiert? Der Vorgesetzte Giftig ist in seinem kontrollierenden
Eltern-Ich und versetzt durch seine Aussage Mitarbeiter Lauber in sein
angepasstes Kind-Ich mit dem Gefühl „Ich kann nichts, alles mach ich
falsch. Ich bin wirklich ganz unfähig." Der Wechsel in ein so negatives
Gefühl geht nur, wenn Lauber es zulässt. Anders formuliert, nicht Giftig
verändert den Ich-Zustand des Mitarbeiters, sondern der Mitarbeiter
verändert aktiv, indem er es zulässt, dass eine schwächende Instanz ihn
dirigiert. Gleichzeitig springt Mitarbeiter Lauber in seine negative
Grundeinstellung „Ich bin nicht o.k., du bist o.k."

Dagegen wäre es hilfreich gewesen, wenn Lauber erkannt hätte: „Aha,
der Chef ist sauer, deshalb reagiert er aus seinem kontrollierenden
Eltern-Ich. Ich habe einen Fehler gemacht, das ist klar. Jetzt werde ich
schnellstmöglich dafür sorgen, das wieder gut zu machen. Was kann ich
da tun? Was sind die nächsten Schritte?"

Lauber hätte es, wenn er diese Gedanken gehabt hätte, nicht zugelassen,
in sein angepasstes Kind zu wechseln, sich klein, hilf- und machtlos zu
fühlen. Stattdessen hätte das Erwachsenen-Ich übernommen, das ihm die
nächsten konstruktiven Schritte vorschlägt. Ganz kurz davor wäre er

sogar kurz in seinem nährenden Eltern-Ich gewesen, hätte Verständnis gehabt für den berechtigten Ärger des Chefs.

Interessant ist, dass Sie durch Selbstreflexion immer mehr Verständnis für andere aufbringen werden. Dadurch fällt es Ihnen leichter, selbst nicht mehr sauer zu reagieren und sich nicht persönlich angegriffen zu fühlen.

Wenn Sie erst einmal erspürt haben, dass es in Ihrem Inneren Team sehr viele verschiedene Anteile gibt, dann fällt der nächste Schritt schon leichter, auf die aufbauenden Stimmen zu hören. Eine eher weniger positive Instanz ist das kritische Eltern-Ich. Wenn Sie in Zukunft seine zensierende Stimme zu hören glauben, dann prüfen Sie zuerst. Ist die Kritik berechtigt oder sind Sie zu streng zu sich?

Die Stimmen in Ihrem Inneren Team sind es, die Ihnen helfen können, erfolgreicher zu werden. Lernen Sie, achtsam auf die verschiedenen Stimmen zu hören. Mit der Zeit werden Sie sehr schnell erkennen, wer sich gerade in Ihnen meldet. Sie werden besser unterscheiden können, ob sich ein fördernder Anteil in Ihnen breit macht oder ein behindernder.

Achten Sie auf die jeweiligen Gefühle, die auftauchen und beginnen Sie damit, eine innere Diskussion der verschiedenen Ich-Zustände in sich zuzulassen. Grob gesagt, sind ängstliche, auf Zurückhaltung und Passivität pochende, Stimmen dem angepassten Kind zuzuordnen. Es möchte gern, dass Sie nicht auffallen, im Hintergrund bleiben. Dieses Kind ist eher schüchtern und möchte nicht im Mittelpunkt stehen. Was bedeutet: es ist keine hilfreiche Instanz, wenn Sie gerade bei einem Auftritt glänzen möchten, denn dies widerspricht seiner Natur. Untersuchen wir mal die einzelnen Anteile und prüfen, wer im Team uns besser unterstützen kann.

Das spontane Freie-Kind-Ich

Mit seiner Kreativität, Spontaneität und seinem Erfindungsgeist kann das freie Kind Sie unterstützen. Mit seiner Hilfe überwinden Sie überraschende Situationen leichter. Es kann nämlich gut improvisieren. Dabei umfassen die beherrschenden Gefühle Fröhlichkeit, Leichtigkeit und Freiheit. Schwierig wird es allerdings, wenn das Ganze überschwappt, weil Sie sich im Freien Kind dann frech sowie verantwortungslos unbekümmert, ja sogar rücksichtslos ausdrücken können. Es ist also gar nicht schlecht, wenn das Erwachsenen-Ich als rationale, vernünftige Instanz immer mal wieder ein Auge draufhält. Vielleicht kommt es Ihnen anfangs ein wenig komisch vor, wenn ich so von verschiedenen Stimmen und Instanzen spreche. Aber bald werden Sie merken:

Sie sind nicht allein und können jederzeit auf vielerlei Unterstützung hoffen – wenn Sie es zulassen.

Das Nährende Eltern-Ich

Nachdem wir schon von der unterstützenden Art des freien Kindes erfahren haben, möchte ich als nächste hilfreiche Instanz das nährende Eltern-Ich nennen. Es hilft Ihnen sowohl bei der Vorbereitung als auch während der Präsentation. Denn dieses Ich ist fürsorglich und glaubt an Ihre Fähigkeiten. Sie merken seine Anwesenheit immer, wenn Sie von zuversichtlichen, wohlwollenden Gefühlen beseelt sind. Das Schöne ist, in Zukunft können Sie diese Stimme in sich bewusst verstärken.

Immer wenn Sie den Glauben an sich und Ihre Fähigkeiten verlieren, rate ich Ihnen, hören Sie auf Ihr nährendes Eltern-Ich, die Stimme, die Ihnen früher als Sie klein waren, gesagt hat, „Probier es noch mal, du schaffst es" und zum Hundertsten Mal haben Sie sich nach dem Krabbeln hochgestemmt und versucht zu gehen bis Sie schließlich Ihren ersten Schritt geschafft haben. Oder später: „Jetzt nehmen wir die Stützräder von deinem Fahrrad ab und du wirst fahren. Du kannst das".

Genau das gleiche können Sie ab heute und jederzeit in Situationen, die Sie beängstigen, in denen sie vom Glauben an sich selbst abfallen, zu sich selbst sagen: *„Du kannst das, es wird dir gelingen, glaube an dich und alles wird gut".*

Das vernünftige Erwachsenen-Ich

Unterstützend ist auch Ihr Erwachsenen-Ich. Es hatte Ihnen schon bei der gründlichen Vorbereitung der Präsentation geholfen, auf Vollständigkeit geachtet und dafür gesorgt, dass Sie ausreichend Material mitgenommen haben. Es hat gecheckt, ob der Beamer funktioniert, ob die Handouts ausreichen und was sonst noch nötig ist.

Verlassen Sie sich aber zu sehr auf die Fähigkeiten des Erwachsenen-Ichs, dann wird Ihr Vortrag langweilig, zu ernst, zu sehr an den Fakten orientiert. Das Erwachsenen-Ich hat nun mal keine Emotionen, es begründet und findet rationale Argumente, die es belegen kann. Logischerweise sind Zahlen, Daten, Fakten, kurz ZDF wichtig, aber erst die freien Kanäle bringen Stimmung und Farbe. Also lassen Sie Ihr freies Kindheits-Ich mit agieren. Seine Einmischung rührt an die Gefühle Ihrer Zuhörer. Die meisten finden es spannender, wenn Phantasie eine Rolle spielt und freuen sich, mal lachen zu können.

Denken Sie daran, auch jeder Zuhörer hat ein freies Kind-Ich, das sich gern dazu verführen lässt, Dinge von der heiteren Seite zu betrachten. Drängen Sie also das rationale analytische Erwachsenen-Ich ein wenig zurück und geben Ihrem Spieldrang nach, dann wird es richtig interessant.

Lernen Sie, auf die aufbauenden Stimmen in Ihrem Inneren Team zu hören. Unterstützend sind das Freie-Kind-Ich, das nährende Eltern-Ich und das Erwachsenen-Ich.

Auch die Erkenntnisse und Identifikation Ihrer aufbauenden Stimmen können Sie in Ihrem Selbstbuch notieren. Ihre Aufmerksamkeit und Achtsamkeit wird sich während des Schreibprozesses vergrößern. Dadurch entwickeln Sie sich in die Richtung, abwertende Stimmen schnell zu erkennen und abzuschwächen, indem Sie den aufbauenden Stimmen Gehör schenken.

Leider lässt sich der abwertende innere Dialog durch Willenskraft nicht einfach abschalten. Wir können aber anders handeln. Mit den neuen Handlungen kommen auch neue Gefühle.

Die Vergangenheit und was wir in der Kindheit erlebt haben, können wir nicht verändern, wohl aber unsere Gefühle in der Gegenwart.

Falls Sie Selbstachtung haben und sich mit sich selbst wohlfühlen, sind Sie ein umgänglicherer Mensch, sind auf andere nicht so angewiesen und machen daher einen positiveren Eindruck. Menschen, die eher auf ihre kritischen Anteile hören, einschränkende Überzeugungen haben, gelingt es schwerer, Erfolg zu erringen. Viele ihrer Beziehungen zerbrechen vorzeitig und das Glück scheint an ihrer Türe vorbeizugehen.

Persönlichkeitsentwicklung ist ein lebenslanger, sehr dynamischer Prozess. Hier ist die genetische Struktur, die geistige, die körperliche und die seelische Konstitution beteiligt. Außerdem übt die soziale Umwelt

Einfluss. Die Persönlichkeitseigenschaften können nur schwer beeinflusst werden.

5.3.1 Kompetenzen

Was gut trainierbar ist, sind die Kompetenzen. Menschen verfügen über unterschiedliche Kompetenzen, die ihnen ermöglichen, in unterschiedlichen Situationen physischen und geistigen Handelns erfolgreich zu sein. Das kann beispielsweise die Führungsfähigkeit sein oder die Methodenkompetenz. Logischerweise ist deshalb kompetentes Auftreten eine Kompetenz. Erste Verbesserungen der persönlichen Kompetenz können Sie erreichen, wenn Sie mehr über sich selbst nachdenken.

Alle aufbauenden, positiven Stimmen Ihres inneren Teams helfen Ihnen, während Ihres Auftritts, Ihrer Präsentation, sicher und kompetent zu wirken. Überzeugen können Sie nur, wenn Sie selbst von sich überzeugt sind. Das Verhalten ist der Spiegel der Überzeugungen. Wenn Sie sich nicht selbst zu schätzen wissen, wird sich das unweigerlich durch Ihr Aussehen, Ihre Bewegungen und Ihren Tonfall mitteilen.

5.4 Entdeckung der Sklaventreiber

Jeder Mensch sucht Bestätigung und Anerkennung in seinem Leben. Bekommt er sie nicht oder nicht in dem Ausmaß, wie er es sich wünscht, dann wird er Bestätigung auf Umwegen suchen. Die Umwege werden auch während der Arbeitszeit gesucht. Zum Beispiel, wenn sich jemand übermäßig anstrengt oder sich bemüht, keine Fehler zu machen, ein anderer beeilt sich, um schneller fertig zu werden als die anderen. Dahinter steckt der Wunsch nach Aufmerksamkeit, nach Anerkennung. Bleibt diese aus, werden die Anstrengungen vervielfacht. Dieser Mensch treibt sich an mit der Vorstellung, doch endlich das zu bekommen, was ihm vermeintlich zusteht und überfordert sich damit.

Der amerikanische Transaktionsanalytiker Taibi Kahler [Kahler], der eng mit Eric Berne [Berne] zusammengearbeitet hat, erkannte hier ein wertvolles Modell zur Analyse von Persönlichkeits- und Beziehungsdynamiken. Das Modell, auch Miniskript genannt, definiert den Begriff der Antreiber, ich sage gern Sklaventreiber dazu. Wenn Sie sich in Ruhe damit befassen, kann Ihnen das Modell einen entscheidenden Vorteil auf Ihrem Weg zu mehr Souveränität verschaffen.

Antreiber sind Gedanken, Ideen und Überzeugungen, die Menschen zu bestimmtem Verhalten führen, also einerseits leistungsmotivierend wirken. Da sie aber mit einem „immer" verbunden sind und dahinter ein „wenn nicht, dann" droht, fungieren sie andererseits als Stopper oder Verbieter. Sie verunmöglichen ein ausgeglichenes und zufriedenes Leben, weil sie dem Menschen mit dem hohen Antreiberanteil im Hintergrund immer das Gefühl vermitteln, noch nicht genug getan zu haben, sich noch nicht genügend beeilt zu haben, noch mehr Anstrengung oder Stärke fordern. Sie stoppen den geraden Weg, Anerkennung zu bekommen, indem sie vorschreiben, dass erst viel Mühe, Schweiß oder Beeilung erforderlich ist. Des weiteren verbieten sie Entspannung und Vergnügen.

Der Widerspruch verdeutlicht, wie wir durch sie überfordert werden. Das Verhalten und Handeln eines Menschen, der stark durch seine Antreiber motiviert wird, ist nicht zielgerichtet, sondern folgt einem alten Muster. Daher verpufft ein Großteil seiner Energie und er erlangt weniger Anerkennung und Befriedigung, als er braucht.

Antreiber sind elterliche Botschaften an die Kinder, die meistens gut gemeint sind. Sie sollen dem Kind die Möglichkeit geben, mit sehr früh erfahrenen negativen Einschärfungen umzugehen. Das Kind empfängt sie als Ratschläge, wie es sich verhalten soll, um den elterlichen Vorstellungen gerecht zu werden. Befolgt es sie, sind die Eltern zufrieden und das Kind bekommt die gewünschte Anerkennung. Antreiber sind wie ein Navigationsgerät in der Hand des Kindes.

In neuen Situationen sagt ihm das „Navi", wonach es sich richten muss, um die Zustimmung anderer Menschen zu bekommen. Antreiber bringen sozial erwünschtes Verhalten hervor. Sie tragen nicht dazu bei, ein erfülltes und selbstbestimmtes Leben zu führen, weil sie mit Zwang und Drohungen arbeiten. Sie behindern das Selbständigwerden eines Kindes. Bei Nichterfüllung aktivieren sie Gedanken wie: Du bist unfähig, du bist nicht gut genug, du bist dumm, du bist unwichtig. Diese münden dann in damit verbundenen Gefühle wie: Verwirrung, Trauer, Versagensangst, Überlastung.

Antreiber Navigations-System (nicht immer zielführend)

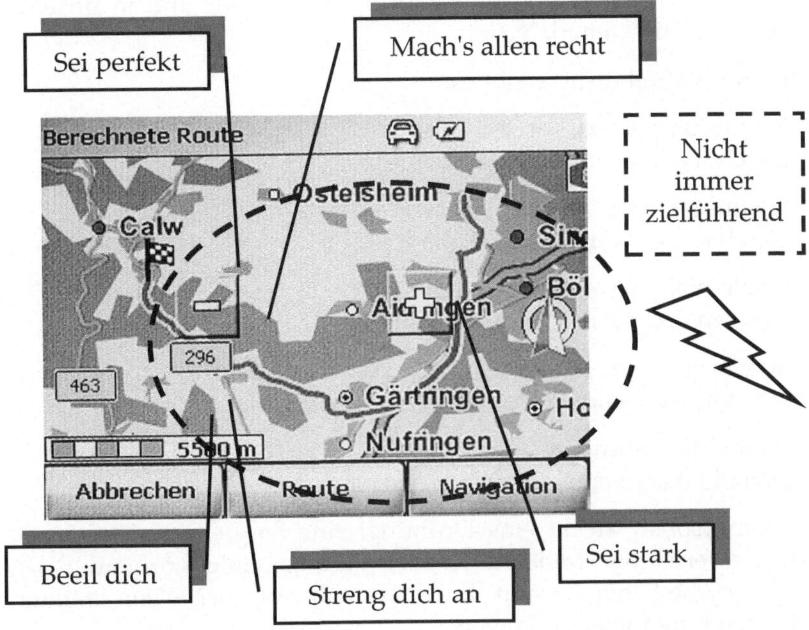

Abbildung 5-1: Antreiber Navigations-System (© Sibylle Horger-Thies)

5.4.1 Beispiele für Antreiber

Ein Mensch, der sich sehr stark bemüht, seine Arbeit perfekt und fehlerfrei durchzuführen, wird womöglich nicht damit fertig werden, weil er immer noch etwas findet, was er verbessern könnte.

Jemand, der sich jede Arbeit aufhalst, überall zusagt, sich seinen Terminkalender zuknallt, will so viel wie möglich erreichen und meint es zu schaffen, wenn er sich nur beeilt. Aber auch er kommt letztlich nicht an ein befriedigendes Ziel, weil er nicht sorgfältig arbeitet oder sich durch die vielen Zusagen gänzlich überfordert.

5.4.2 Fünf verwegene Antreiber

Wir wollen uns fünf Antreiber anschauen, die häufig anzutreffen sind. Zur Unterscheidung anderer Motive, steht bei den Antreibern ein

„immer" und ein „sonst", was heißt, dass die Antreiber auf uns großen Druck ausüben. Wir sind von ihnen förmlich gefesselt und in unseren Handlungsmöglichkeiten nicht frei.

Folgende fünf Antreibersätze gibt es:

1. Sei immer perfekt, sonst ... oder
   „ich bin o.k., wenn ich perfekt bin"

2. Sei immer stark, sonst ... oder
   „ich bin o.k., wenn ich stark bin"

3. Beeile dich immer, sonst ... oder
   „ich bin o.k., wenn ich mich beeile"

4. Machs anderen immer recht, sonst ... oder
   „ich bin o.k., wenn ich es anderen recht mache"

5. Streng dich immer an, sonst ... oder
   „ich bin o.k., wenn ich mich anstrenge"

Hinter jedem „sonst" steckt eine Drohung, eine Sorge, die nicht genau definiert, sondern eher unbewusst oder gefühlsmäßig vorhanden ist. Kennen Sie solche Sätze, kommt Ihnen das bekannt vor? Wenn ja, dann stellen Sie sich bitte folgende Fragen:

– Wie lauten Ihre vorherrschenden Antreiber?
– Welches Verhalten legen Sie dann an den Tag?

Auf der übernächsten Seite können Sie Ihre Antworten auf diese Fragen anhand eines Fragebogens überprüfen und den eigenen Antreibern auf die Spur kommen. Die Antreiber navigieren uns mit mehr oder minder deutlichen Stimmen oder Klartext in unseren Köpfen, tragen zum Stress bei und erschweren uns in ihrer Absolutheit den Umgang mit anderen.

5.4.3 Beispiel Vorbereitung Präsentation

Sie bereiten eine Präsentation vor. Anstatt sich nun innerlich konzentriert den Inhalten zu widmen, werden Sie durch Ermahnungen und Ängste gebremst. Ihr Eltern-Ich befiehlt Ihnen ständig, perfekt zu sein und die Präsentation ohne Fehler vorzubereiten. Es warnt Sie, wenn auch nur ein Fehler enthalten sei, wäre die ganze Arbeit umsonst gewesen. Der Sei Perfekt Antreiber fungiert dann deutlich als Stopper, der Sie davon abhält, sich konkret mit der gegenwärtigen Situation auseinander zu setzen und die Präsentation sinnvoll und entspannt vorzubereiten.

Nachdem ich schon lange mit diesem Fragebogen arbeite und schon viele 1000 Menschen den Bogen in meinen Seminaren oder im Coaching ausgefüllt haben, kann ich sagen, dass er außerordentlich zutreffend ist. Er gibt Ihnen die Möglichkeit, mittels einfacher Veränderungen zu mehr Gelassenheit und Zufriedenheit zu gelangen.

Was auch praktisch ist: wenn Sie diesen Bogen später einmal wieder ausfüllen, können Sie erkennen, inwieweit Sie sich positiv verändert haben und wo noch Handlungsbedarf besteht. Er ist nach der Einleitung von Veränderungsschritten ein Kontrollinstrument für Sie selbst. Sie können den Bogen sowohl im Beruf verwenden als auch für den privaten Bereich. Eine weitere Verwendungsmöglichkeit besteht darin: lassen Sie den Bogen von jemand anderem, der Sie sehr gut kennt (und mag!), ausfüllen. Danach sprechen Sie über die Ergebnisse. Vermutlich werden Sie erstaunt sein, was andere bei Ihnen sehen oder wie Sie von ihnen eingeschätzt werden. Das hilft auf dem Weg zu noch mehr Selbsterkenntnis.

5.4.4   Sich selbst erkennen - Fragebogen zu den Antreibern

Sie können den Bogen [Kälin] unterschiedlich verwenden: zum einen für
Ihr berufliches, und zum zweiten nur für Ihr privates Verhalten. Sie lesen
die Aussagen und entscheiden Ihre Antwort, indem Sie die untenstehen-
de Wertung benutzen. Um ein Beispiel zu geben, bei der Frage: „Wenn
ich eine Arbeit mache, dann mache ich sie gründlich" finden Sie: „Das
trifft voll und ganz auf mich zu". Dann schreiben Sie eine 5 in das Käst-
chen vor der Frage. So verfahren Sie mit allen 50 Fragen, indem Sie jeweils Ihre Wertung in die freie Spalte notieren.

Wertungen
voll und ganz = 5, ziemlich = 4, etwas = 3, kaum = 2, gar nicht = 1

1		Wenn ich eine Arbeit mache, dann mache ich sie gründlich.
2		Ich fühle mich dafür verantwortlich, dass alle, die mit mir zu tun haben, sich wohl fühlen.
3		Ich bin immer auf Trab.
4		Anderen gegenüber zeige ich meine Schwächen nicht gerne.
5		„Wenn ich raste, roste ich".
6		Häufig gebrauche ich den Satz: „Es ist schwierig, etwas so genau zu sagen."
7		Ich sage oft mehr, als eigentlich nötig wäre.
8		Ich habe Mühe, Leute zu akzeptieren, die nicht genau sind.
9		Es fällt mir schwer, Gefühle zu zeigen.
10		„Nur nicht lockerlassen" ist meine Devise.
11		Wenn ich eine Meinung äußere, begründe ich sie auch.
12		Wenn ich einen Wunsch habe, erfülle ich ihn mir schnell.
13		Ich liefere einen Bericht erst ab, wenn ich ihn mehrere Male überarbeitet habe.
14		Leute, die herumtrödeln, regen mich auf.

15		Es ist für mich wichtig, von den anderen akzeptiert zu werden.
16		Ich habe eher eine harte Schale, aber einen weichen Kern.
17		Ich versuche oft herauszufinden, was andere von mir erwarten, um mich danach zu richten.
18		Leute, die unbekümmert in den Tag hineinleben, kann ich nur schwer verstehen.
19		Bei Diskussionen unterbreche ich die anderen oft.
20		Ich löse meine Probleme selber.
21		Aufgaben erledige ich möglichst rasch.
22		Im Umgang mit anderen bin ich auf Distanz bedacht.
23		Ich sollte viele Aufgaben noch besser erledigen.
24		Ich kümmere mich persönlich um nebensächliche Dinge.
25		Erfolge fallen nicht vom Himmel; ich muss sie hart erarbeiten.
26		Für dumme Fehler habe ich wenig Verständnis.
27		Ich schätze es, wenn andere auf meine Fragen rasch und bündig antworten.
28		Es ist mir wichtig, von anderen zu erfahren, ob ich meine Sache gut gemacht habe.
29		Wenn ich eine Aufgabe einmal begonnen habe, führe ich sie auch zu Ende.
30		Ich stelle meine Wünsche und Bedürfnisse zugunsten anderer Personen zurück.
31		Ich bin anderen gegenüber oft hart, um von ihnen nicht verletzt zu werden.
32		Ich trommle oft ungeduldig mit den Fingern auf den Tisch.

33		Beim Erklären von Sachverhalten verwende ich gerne die klare Aufzählung: Erstens..., zweitens..., drittens...
34		Ich glaube, dass die meisten Dinge nicht so einfach sind, wie viele meinen.
35		Es ist mir unangenehm, andere Leute zu kritisieren.
36		Bei Diskussionen nicke ich häufig mit dem Kopf.
37		Ich strenge mich an, um meine Ziele zu erreichen.
38		Mein Gesichtsausdruck ist eher ernst.
39		Ich bin nervös.
40		So schnell kann mich nichts erschüttern.
41		Meine Probleme gehen die anderen nichts an.
42		Ich sage oft: „Macht mal vorwärts."
43		Ich sage oft: „Genau", „exakt", „klar", „logisch".
44		Ich sage oft: „Das verstehe ich nicht ..."
45		Ich sage eher: „Könnten Sie es nicht einmal versuchen?" als „Versuchen Sie es einmal."
46		Ich bin diplomatisch.
47		Ich versuche, die an mich gestellten Erwartungen zu übertreffen.
48		Beim Telefonieren bearbeite ich nebenbei oft noch Akten.
49		„Auf die Zähne beißen" heißt meine Devise.
50		Trotz enormer Anstrengung will mir vieles einfach nicht gelingen.

5.4.5 Auswertung

Zur Auswertung des Fragebogens übertragen Sie jetzt bitte Ihre Bewertungszahlen für jede entsprechende Fragennummer auf den folgenden Auswertungsschlüssel. Zählen Sie dann die Bewertungszahlen zusammen.

„Sei perfekt"-Fragen

1	8	11	13	23	24	33	38	43	47	Total
—	—	—	—	—	—	—	—	—	—	—

„Mach schnell"-Fragen

3	12	14	19	21	27	32	39	42	48	Total
—	—	—	—	—	—	—	—	—	—	—

„Streng Dich an"-Fragen

5	6	10	18	25	29	34	37	44	50	Total
—	—	—	—	—	—	—	—	—	—	—

„Mach es allen recht"-Fragen

2	7	15	17	28	30	35	36	45	46	Total
—	—	—	—	—	—	—	—	—	—	—

„Sei stark"-Fragen

4	9	16	20	22	26	31	40	41	49	Total
—	—	—	—	—	—	—	—	—	—	—

Um die Ausprägungen Ihrer Antreiber graphisch sichtbar zu machen, übertragen Sie jetzt bitte die Totalwerte jedes Antreibers auf das folgende Schema.

Das könnte dann zum Beispiel so aussehen:

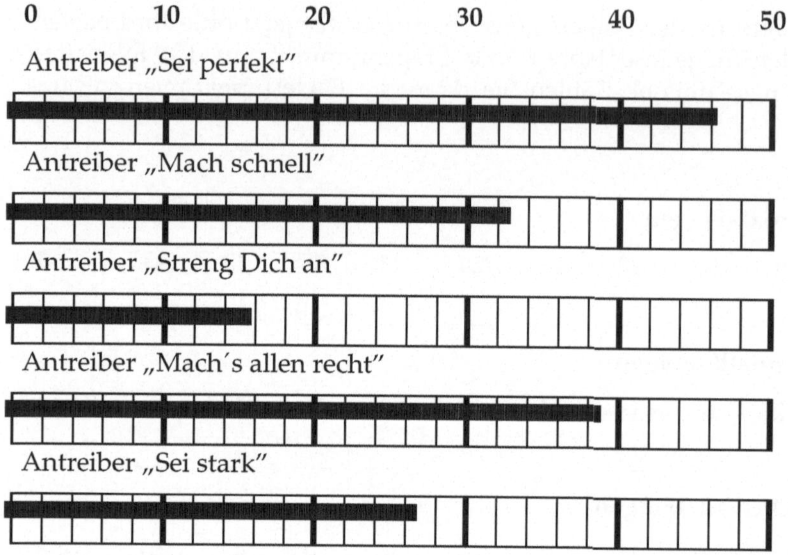

0   10   20   30   40   50

Antreiber „Sei perfekt"

Antreiber „Mach schnell"

Antreiber „Streng Dich an"

Antreiber „Mach´s allen recht"

Antreiber „Sei stark"

Tragen Sie hier bitte Ihr Ergebnis ein:

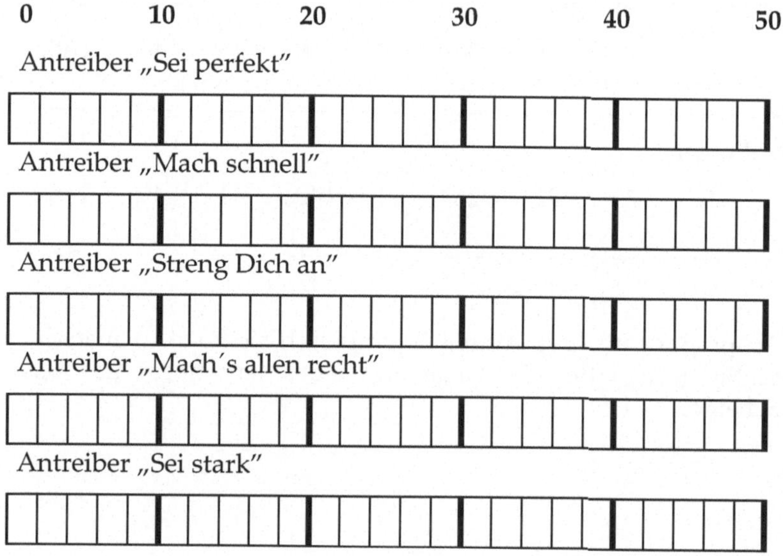

0   10   20   30   40   50

Antreiber „Sei perfekt"

Antreiber „Mach schnell"

Antreiber „Streng Dich an"

Antreiber „Mach´s allen recht"

Antreiber „Sei stark"

Entscheidend bei der Auswertung ist, dass alle Werte, die nahe an die 30 herannahen, sich höchst negativ auf Sie auswirken können. Andere halten Werte über 40 für gefährdend. Aber meiner Erfahrung nach ist es bei Werten über 30 Punkte höchst wahrscheinlich, dass es schon zu gesundheitlichen Problemen gekommen ist. Meine Empfehlung an Sie ist deshalb, durch eine Veränderung Ihres Verhaltens dafür zu sorgen, dass Sie unter 30 bleiben. Haben Sie keine Angst davor, dann zu lasch und nicht mehr fleißig und zielgerichtet arbeiten zu können. Das Gegenteil ist der Fall, durch Ihr Nachlassen in verschiedenen Bereichen und mehr bewusst eingesetzte Entspannung können Sie Energie sparen. Weil es weniger Verbote gibt, steht Ihnen diese Energie dann ungehindert für Ihre Ziele zur Verfügung.

> Analysieren Sie Ihre Antreiber. Wiederholen Sie den Test regelmäßig, um zu überprüfen, ob sich schon etwas verändert hat.

Da Sie in Zukunft die tatsächlichen inneren Antreiber auch bei anderen besser erkennen können, passiert es Ihnen seltener, andere unwissentlich zu verletzen. Durch den Verständniszuwachs ist die Verständigung erleichtert. Voilà: Ihr Auftritt wird souveräner.

Zweifellos sind Gründlichkeit und Genauigkeit (Sei perfekt) in vielen beruflichen und privaten Situationen wichtige unverzichtbare Eigenschaften. Die Dynamik und das Tempo des „Mach schnell" Antreibers sind in manchen Bereichen gefragt.

Ein hoch entwickeltes Pflichtbewusstsein, Fleiß (Streng dich an) und Loyalität sind bei oft sehr erwünscht. Die Rücksichtnahme, Freundlichkeit der „Machs allen recht"-Menschen werden bei Abdankungen und Nachrufen immer lobend erwähnt. Berufe, in denen Heroismus, Durchsetzungs- und Durchhaltevermögen vorausgesetzt werden, sind für „Sei stark" Angetriebene wie geschaffen.

Die Antreiber können uns eine gute Stütze sein. Einengend wirken Ihre Antreiber, wenn Sie sich dazu verleitet fühlen, sie als unumstößlich aufzufassen. Das kritiklose Anwenden ist nicht hilfreich. Der jeweilige Antreiber hilft nicht, sondern wird tatsächlich zum Sklaventreiber. Sie verfolgen seine Maßregelungen, als drohe eine Katastrophe, wenn Sie sich nicht nach ihnen richten. Dann kommt zu der Sklaventreiberwirkung auch noch die des Stoppers dazu. Hier wird deutlich, dass die Antreiber in ihrer Absolutheit nicht erfüllbar sind, was bedeutet, Enttäuschungen und schlechte Gefühle sind vorprogrammiert. Was kann man hier tun? Durch genaue Kenntnis der eigenen Persönlichkeit und der Antreiber, fällt es Ihnen leichter, auf Ihre Mitmenschen einzugehen:

- Denn Sie kennen Ihre eigenen Empfindlichkeiten und können somit auch klarer und bewusster reagieren.
- Da Ihnen menschliche Verhaltensweisen nicht fremd ist, haben Sie Verständnis für die unterschiedlichen Persönlichkeiten anderer.
- Denn auch bei diesen werden Sie die Antreiber entdecken und deshalb auch besser verstehen können, warum manche Menschen immer wieder auf eine bestimmte Art reagieren.

5.5 Tipps zum Widerstand gegen die Sklaventreiber

Tatsächlich gibt es Wege, wie man die möglichen Auswirkungen von Antreibern, die übermächtig geworden sind und mehr behindern als fördern, durch ein Gegeninstrument abschwächt. Ich möchte Ihnen dieses Werkzeug beschreiben. Die boykottierenden Stimmen neutralisieren wir durch ein Gegengewicht. Weil es großzügig eine Erlaubnis ermöglicht und weil Sie selbst der Handelnde sind, nennen wir es „Erlauber". Die Hilfe der Erlauber kann ich Ihnen nur ans Herz legen, falls Sie in dem vorherigen Test wirklich sehr hohe Werte erzielt haben. Mit den Erlaubern reduzieren Sie Ihre Punkte. Schon nach kurzer Zeit werden sie bemerken, um wie viel besser Sie sich dabei fühlen. Sie können sich das so vorstellen: Sie ersetzen die Antreiber durch die Erlauber, vollziehen also eine Neuentscheidung, indem Sie auf die Antreiber, die Ihnen bisher als Landkarte gedient haben, verzichten und stattdessen mit Ihrem neuen Erlauber-Navigationssystem unterwegs sind. Die Erlauber sind dann so etwas wie Lizenzen. Sie dürfen, aber Sie müssen sie nicht benutzen.

Im Folgenden beschreibe ich zusammenfassend die Antreiber und schlage Ihnen Formulierungen für die Erlauber vor. Selbstverständlich können Sie diese umformulieren und Ihrem eigenen Sprachgebrauch anpassen. Als Indiz für die richtige Formulierung nehmen Sie ein Gefühl des Wohlfühlens, das sich in Ihnen ausbreitet, wenn Sie die Erlaubnissätze aussprechen oder denken.

5.6   Erlauber Navigationssystem

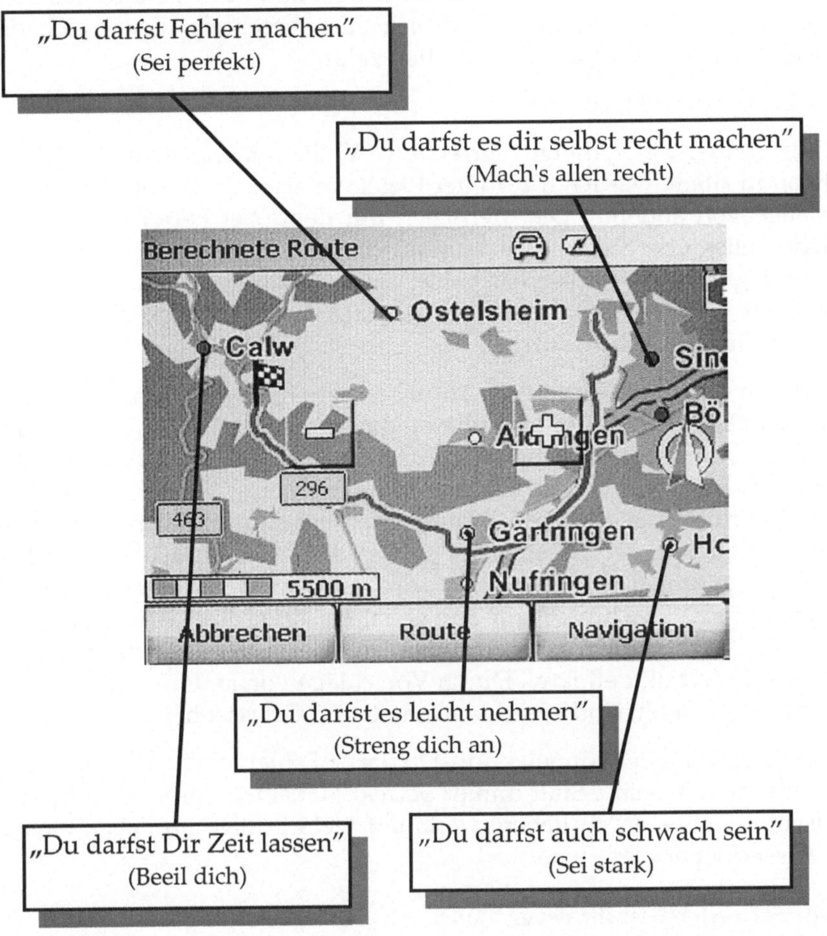

Abbildung 5-2: Erlauber Navigationssystem (© Sibylle Horger-Thies)

Ich werde den jeweiligen Antreiber mit einem Beispiel verdeutlichen. Es ist immer jemand, der sich auf eine Präsentation vorbereitet und bestimmte Hinweise von seinem Antreiber bekommt, die nicht immer zielführend sind. Des weiteren werde ich auch beschreiben, wie sich der Antreiber beim Halten der Präsentation zeigt.

„Sei immer perfekt, sonst ... "

Dieser Antreiber verlangt Perfektion, Vollkommenheit und Gründlichkeit in allem, was ich tue. In der Regel erwarte ich ein solches Verhalten auch von anderen. Die Menschen mit dem „Sei Perfekt" Antreiber machen alles übergenau, statt Hundert lieber Hundertfünfzigprozentig. Sie sind gründlich, versuchen Fehler zu vermeiden und machen dann erst recht welche. Sie werden kaum fertig, weil ihr Antreiber sie zur Übererfüllung der Ziele aufruft.

Menschen mit dem Sei perfekt Antreiber bereiten die Präsentation akribisch und korrekt vor. Sie formulieren die Inhalte und den Ablauf bis ins Kleinste vor und berücksichtigen durch ihre gute Organisation alle Eventualitäten. Die Sätze weisen häufige Klammern auf, die nicht unbedingt neue Informationen bringen. Häufig werden Ausdrücke benutzt wie: wahrscheinlich, unter Umständen, gewiss, sicher, total, wie wir gesehen haben, sozusagen. Die Präsentation wird dann aus dem Erwachsenen-Ich heraus in recht gleichmäßigem Ton gehalten. Ziffer für Ziffer und Buchstabe für Buchstabe wird im einzelnen abgehakt. Der Präsentierende ist gut koordiniert und effektiv. Durch Vorschläge von anderen fühlt er sich kritisiert. Was fehlt, sind kreative Ansätze und Gelassenheit.

Passende „Erlauber" können sein: „Du darfst Fehler machen", „Lass auch mal fünf gerade sein". Statt immer perfekt zu sein, erlaube ich mir, kein schlechtes Gewissen zu haben, wenn auf viele Erfolge nun eben einmal ein Misserfolg erfolgt.

> Statt „Sei perfekt" ist Ihr neues Motto „Ich darf auch mal Fehler machen und die Welt geht nicht unter".

„Sei immer stark, sonst ... "

Menschen mit diesem Antreiber vermeiden es, sich eine Blöße zu geben, sie wollen Vorbild sein, Haltung bewahren, eiserne Konsequenz zeigen. Am besten wollen sie alles allein durchstehen, nur keine fremde Hilfe in

Anspruch nehmen „Wir lösen unsere Probleme selber". Sie beißen auf die Zähne, sind heroisch, setzen sich durch. Der Antreiber ruft zum Heldentum auf und warnt davor, Gefühle zu zeigen oder traurig zu sein.

Menschen mit dem Sei stark Antreiber bereiten die Präsentation gegen alle Hindernisse oder trotz eigener Müdigkeit sehr gut vor. Wenn sie während der Vorbereitung gestört werden, aber auch in anderen Zusammenhängen, versachlichen sie ihre Gefühle. Sie schieben die Schuld auf äußere Umstände oder andere Personen. Sie sagen z.B.: „Das Thema langweilt mich." „Die Kollegen mit ihrem Lärm machen mich wütend". „... und dann kam diese Erkältung". „Man kann sich hier nicht konzentrieren – ständig wird man gestört". „Da kann man ja Angst bekommen". Bei der Präsentation dominiert das Erwachsenen-Ich. Die Sprechweise ist eintönig, eher leise. Auf Gestik wird weitgehend verzichtet. Der Gesichtsausdruck ist starr und eher ausdruckslos. Der Präsentierende bewahrt Ruhe auch in kritischen Situationen und arbeitet seine Aufgaben gleichmäßig und zuverlässig ab. Es werden keine Gefühle gezeigt, weshalb die Mimik etwas starr wirkt. Im Allgemeinen besteht die große Gefahr der Überforderung durch Burn-out.

Passende „Erlauber" können sein: „Du darfst auch schwach sein", „Du darfst Gefühle zeigen". Statt immer stark zu sein, erlaube ich mir, auch einmal traurig zu sein. Nur wer sich selbst und die eigenen Gefühle achtet, kann auch andere respektieren.

Statt „Sei stark" ist Ihr neues Motto „Ich darf auch schwach sein und meine Gefühle zeigen".

„Beeil dich immer, sonst ... "

Dieser Antreiber verursacht, dass Sie alles rasch erledigen möchten. Dazu gehört auch, rasch zu antworten, zu sprechen und zu essen. Er ist ein Aufruf zur Hektik und zum Verlassen der Gegenwart. Sein Mach-Schnell-Prinzip warnt davor, anderen zu nahe zu kommen. Menschen mit dem Beeil-dich-Antreiber sind immer in Eile, sie haben nie Zeit und oft Terminüberschneidungen. Ihnen sind Dynamik und Tempo wichtig.

Menschen mit dem Beeil dich Antreiber bereiten die Präsentation recht kurzfristig vor, weil sie noch so viele andere Aufgaben erledigen müssen und noch viele Termine auf Erledigung warten. Sie kommen deshalb ziemlich abgehetzt an und haben aus Zeitgründen auch nicht alle Punkte abhaken können. Die Vorbereitungszeit ist nie ausreichend, denn je mehr Zeit sie zur Verfügung haben, desto mehr andere Aufgaben erledigen sie nebenher. Die Präsentation wird im Schnelllauf durchgehechelt. Manche Worte werden verschluckt oder durcheinandergebracht vor lauter Beeilung. Für die Zuhörer wird das Folgen schwierig und sie schalten ab. Die Hektik macht sich durch schnelle Bewegungen, Fußwippen, Fingerklopfen und auf die Uhr schauen bemerkbar. Bei der Mimik lässt sich ein schnelles Hin- und Herschauen der Augen mit wechselnder Blickrichtung beobachten. Vorteilhaft ist die schnelle Auffassungsgabe. Auch viele Aufgaben werden in sehr kurzer Zeit erledigt. Bedenklich bei diesem Antreiber sind die Fehler, Termine werden nicht eingehalten, mit anderen wird ungeduldig umgegangen.

Passende „Erlauber" können sein: „Du darfst Dir Zeit lassen", „Lass Nähe zu". Statt immer schnell durchs Leben zu rennen, erlaube ich mir, einmal nichts zu tun und einfach „zu sein". An Probleme gehe ich mit Ruhe und Besonnenheit heran, dadurch werde ich ausgeglichener und wirke stabilisierend auf meine Umwelt.

> Statt „Beeil dich" sagen Sie sich „Ich darf mir Zeit lassen und auch genießen".

„Mach´s anderen immer recht, sonst ... "

Für Menschen mit diesem Antreiber ist der andere immer wichtiger als sie selbst. Man fühlt sich dafür verantwortlich, dass die anderen sich wohl fühlen, verhält sich immer liebenswürdig. Mach´s recht Menschen kommen anderen entgegen, denn es ist ihnen wichtig, geschätzt und beliebt zu sein. Sie sind loyal, freundlich, rücksichtsvoll, bürden sich alle Arbeit auf, können schlecht nein-sagen. Der Antreiber ruft auf zu Freundlichkeit und „Frieden". Zudem warnt er vor Konflikten und davor, die eigenen Bedürfnisse anzumelden.

Menschen mit dem Mach´s anderen recht Antreiber bereiten die Präsentation sehr sorgfältig vor, indem sie sich nach allen Seiten absichern. Ihre Sorge gilt der Reaktion der anderen, die sie nicht übergehen möchten. Deshalb überdenken sie, was alles passieren könnte und bauen das in ihre Präsentation mit ein. In der Vorbereitung berücksichtigen sie alle sachlichen Aspekte und bereiten sehr vielseitig vor. Sie kommen auch rechtzeitig und sorgen dafür, dass jeder gut sieht und hört. Ihre Sprechweise ist oft mit ähnlichen Äußerungen wie „Verstehen Sie?", „Nicht wahr?" verbunden, mit denen sie die Reaktionen der Zuhörer abchecken. Ihre Tonlage ist oft hoch. Beim Satzende geht die Stimme fragend nach oben. Dieser Typ gestikuliert stark, immer den Zuhörern zugewandt, mit den Handflächen nach oben. Er nickt oft mit dem Kopf als suche er die Bestätigung oder nicke den Zuhörern zu. Der Kopf ist häufig geneigt und die Augenbrauen sind nach oben gezogen. Im Lächeln ist eine Verspannung sichtbar. Als sehr guter Teamarbeiter hat er gute Beziehungen zu den anderen und sorgt für Harmonie und Zusammenhalt. Nicht förderlich ist, dass selten ein eigener Standpunkt bezogen wird. Gefährlich ist für diesen Menschen die große Gefahr des Ausbrennens, auch weil er „Everybody's Darling" sein möchte und zu viele Aufgaben übernimmt.

Passende „Erlauber" können sein: „Du darfst es dir selbst recht machen". Statt es immer allen recht zu machen, erlaube ich mir, auch einmal auf mich selbst Rücksicht zu nehmen und „nein" zu sagen ohne deswegen ein schlechtes Gewissen zu haben. Nachdem man Klarheit über die eigenen Bedürfnisse bekommen hat, daraus realistische Ziele ableitet, entwickelt sich auch ein autonomeres Verhalten.

> Statt „Machs allen recht" gilt ab heute „Ich machs mir selber recht, weil ich ebenso wichtig bin wie die anderen".

„Streng' dich immer an, sonst ... "

Wer diesem Antreiber folgt, macht aus jedem Auftrag ein Jahrhundertwerk. „Im Schweiße seines Angesichts" versucht er, auch andere dazu zu bringen, dass sie sich mit ihm zusammen bemühen. Für ihn gilt „nur nicht locker lassen". Vor den Erfolg haben die Götter den Schweiß gesetzt. Darin ist auch die Warnung enthalten, sich gehen zu lassen. Streng dich an Menschen sind pflichtbewusst und fleißig, können aber nicht locker lassen. Dadurch strengen sie sich auch in Situationen an, wo Anstrengung nicht so wichtig ist oder sogar das Gegenteil bewirkt.

Menschen mit dem Streng dich an Antreiber bereiten die Präsentation vom Hölzchen zum Stöckchen vor. Da diese übergenaue, in allen Bereichen recherchierende Arbeitsweise kaum beendet werden kann und aus Zeit- und Ressourcengründen abgebrochen werden muss, ist das Ergebnis oft ein guter Versuch. Das Wort versuchen ist auch ein Begriff, den dieser Antreiber oft verwendet. „Ich will es gern versuchen". Außerdem: „Das ist schwierig." „Das kann ich nicht ... ". „Ich verstehe das nicht".

Dahinter steckt die Anstrengung, die nicht immer mit einem sinnvollen Ergebnis verknüpft ist. Weil sich der Präsentierende so bemüht und die Muskeln seines Sprechapparates verspannt, klingt die Stimme gepresst, belegt, die Worte werden mühsam geformt. An der Gestik ist zu beobachten, wie der Sprecher die Fäuste ballt oder die Hände an die Augen oder Ohren legt, als strenge er sich an, etwas zu sehen oder zu hören. Vor lauter Anstrengung wirkt die in Falten gelegte Mimik verkniffen und gestresst. Dieser Typ interessiert sich für vieles, geht initiativ neue Aufgaben an. Mit viel Schweiß bringt er auch schwierige Projekte voran. Weil er weniger Wert auf die Resultate legt, steht er in der Gefahr, zu viel zu arbeiten. Dabei hat er kaum Spaß, denn den bekommt man ja ohne Anstrengung.

Passende „Erlauber" können sein: „Du darfst es leicht nehmen". Statt sich durch den Antreiber zu verkrampfen, erlaube ich mir, vieles gelassener zu tun. Ich passe mich nicht ständig übermäßig den Anforderungen der Umwelt an, sondern bin offener und natürlicher. Sehr hilfreich sind Spontaneität und Humor.

Statt „Streng dich an" ist ihre Devise künftig „Ich nehme es leicht und bin gelassen".

Wenn Sie regelmäßig mit den Erlaubern arbeiten und so Ihre Sklaventreiber verkleinern, dann haben Sie in Ihrem inneren Team weitere positive Stimmen. Die erlaubenden Instanzen ermöglichen Ihnen, sich nicht mehr unter hohen Leistungsdruck zu setzen, wodurch Sie gelassener werden. Jeder Auftritt ist nach guter Vorbereitung einfach und entspannend.

6 Das Körperinstrument

Zur Körpersprache, auch nonverbale Kommunikation genannt, also Sprache ohne Worte, kann man grob fünf Bereiche: Mimik, Gestik, Tonfall, Haltung und Abstand rechnen. Weil die nonverbalen Signale eine überaus wichtige Kategorie sind, möchte ich ihnen ein eigenes Kapitel widmen. Dazu schon mal ein Überblick. In diese fünf Kategorien werden die Signale eingeteilt:

1. Mimik

Zur Mimik zählt alles, was sich im Gesicht abspielt. Außerdem gehören hierzu die psychosomatischen Vorgänge wie rot werden, erblassen. Das Mienenspiel entsteht durch die Bewegungen der mimischen Gesichtsmuskeln. Die Augen gelten als Spiegel der Seele. Augen und Mund bewegen sich oft parallel.

2. Gestik

Zur Gestik gehört alles, was wir mit den Händen, Armen und Schultern machen. Gesten und Gebärden spielen in der Kommunikation eine große Rolle. Die Sprache der Hände kann beschwichtigen, beschwören, anklagen oder vernichten, sagt oft mehr als Tausend Worte und straft die gesprochene Sprache manchmal Lügen.

3. Tonfall

Das sind die Töne, mit denen Worte hervorgebracht werden, also z.B. mürrisch oder weinerlich. Wie etwas Gesagtes klingt, ist oft entscheidender als was gesagt wird. Zum Tonfall gehören auch nichtsprachliche Äußerungen wie Seufzen, Stöhnen und die Pausen.

4. Haltung

Hier ist gemeint, was für eine Haltung jemand in seinem Körper hat, z.B. aufrecht, gebeugt, mit hängenden Schultern, offen oder verschlossen.

5. Abstand

Damit wird die Distanz bezeichnet, die mich von anderen Menschen trennt. Bekannter ist der Begriff „Intimzone". Wir verringern oder vergrößern den Abstand, je nachdem wie sich die Beziehung gerade darstellt.

6.1 Mimik

Gewöhnen Sie sich an, wenn Ihr Gesprächspartner redet, Blickkontakt zu suchen, schauen Sie ihn aufmerksam an. Ihre Mimik sollte dabei möglichst freundlich und offen sein. Bestätigen Sie den Gesprächspartner durch Nicken und zustimmende Laute. Ein übertriebenes Mienenspiel wirkt nicht anziehend.

Sicheres Verhalten drückt sich durch eine gelöste und entspannte Mimik, ein Lächeln, direkten Augenkontakt und einen offener Blick mit strahlenden Augen aus.

Falls Sie eine Rede halten oder eine Präsentation, sollte Ihr Blick die ganze Gruppe streifen. Nehmen Sie bewusst Blickkontakt auf. Die Gruppe soll ihn als Absicht erkennen. Das braucht Übung, wird dann aber leicht zur Gewohnheit. Verfolgen Sie hier kein regelmäßiges Muster. Durch den Blick fühlen sich Ihre Zuhörer motiviert und empfinden ihn als Interesse und Zuwendung. Das ist sehr wichtig, denn es fördert Ihre Beziehung zu den Zuhörern.

Auch bei einer großen Gruppe gilt in Bezug auf ihr Lächeln das gleiche wie bei nur einem Gesprächspartner. Steuern Sie die Aufmerksamkeit Ihrer Zuhörer durch zugewandte offene Mimik. Sie können auch mal einem einzelnen zulächeln oder zunicken. Je nach Ihren Inhalten werden Sie auch ernst blicken.

Wenn Sie eine Frage stellen, beispielsweise eine rhetorische Frage – das ist eine Frage, die keine Antwort erfordert oder deren Antwort logisch ist – dann können Sie auch fragend die Augenbrauen hochziehen. Zum Beispiel: „Möchten Sie mehr über dieses Thema erfahren?" Vielleicht nicken Ihnen hier einige zu, dann nicken Sie zurück und fahren mit Ihrem Thema fort. Möglicherweise fühlt sich auch jemand zu einer eigenen Frage animiert, dann dürfen Sie entscheiden, ob Sie es zulassen. Sie können Fragen auch sammeln und später beantworten.

6.2 Gestik

Ruhige harmonische Bewegungen wirken ansprechend auf Ihren Gesprächspartner und fordern ihn auf, sich zu öffnen. Hektische Gestik dagegen schreckt eher ab. Wenn Sie wirklich wenig Zeit haben, geben Sie trotzdem keine Körpersignale von Hast ab, sondern weisen verbal auf Ihre Eile hin.

Zeigen Sie Offenheit: Hände und Arme frei halten, nicht verschränken, nicht in den Taschen vergraben. Nur so sind Sie „zupackend" und strahlen Energie aus. Lassen Sie Ihre natürliche Gestik zu. Vergessen Sie all die Regeln, die Ihnen vielleicht in der Kindheit vorgehalten wurden wie „halt die Hände still" und „zapple nicht so herum".

Wussten Sie, dass Gestik das Lampenfieber dämpfen kann? Ruhig am Anfang übertreiben, das schafft Sicherheit und ist ein guter Weg zum Stressabbau. Probieren Sie auch mal eine schneidende Geste aus, um dem Gegenüber das Wort abzuschneiden und selbst weitersprechen zu können. Eine Geste ist viel zielführender als wenn Sie sagen: „Lassen Sie mich bitte weiterreden".

Bei einer Präsentation sollte die Körpersprache in der Regel aber eher sparsam sein. Fuchteln Sie also nicht mit den Armen, schlagen Sie nicht mit der Faust auf das Rednerpult. Vor allem, wenn ein Mikrofon in der Nähe ist, wirkt das wie ein Donnerhall.

6.3 Tonfall

Unsere Gespräche sagen etwas über unsere Beziehungen aus. Wenn jemand uns mit zusammengebissenen Zähnen und gepresst klingender Stimme anzischt: „Ich bin nicht wütend!", glauben wir ihm nicht. Wir glauben im Zweifelsfall nicht den Worten, sondern was wir sehen und hören: Der andere **ist** doch wütend, auch wenn er es bestreitet.

Wenn Sie sprechen, variieren Sie den Tonfall. Fragen Sie sich: In welcher Lautstärke rede ich eigentlich? Im Sprechtraining finden alle, dass sie bei Rufübungen unerträglich laut sprechen. Aber das stimmt nicht, denn jetzt werden sie zum ersten Mal überhaupt verständlich. Die meisten Stimmen können zum Großteil – bis zu Fünfzig Prozent – an Kraft und Tragfähigkeit verbessert werden. Dann wird man Ihnen endlich zuhören.

Gewöhnen Sie sich den fragenden Klang in Ihrer Stimme ab. Das beginnt beim Nennen des eigenen Namens, wenn die Stimme nach oben zieht oder bei der Begrüßung, die ebenfalls mit einem Fragezeichen endet.

Trainieren Sie den hörbaren Punkt am Ende eines Satzes. Sie geben eine Feststellung ab, keine Frage: „Guten Tag, Herr Müller. Schön, dass Sie kommen konnten." Auch „Wollen Sie Platz nehmen" ist keine Frage, sondern eine freundlich verpackte Anweisung.

Üben Sie, Redende zu unterbrechen, fallen Sie Ihnen so entschlossen ins Wort, dass Sie damit durchkommen. Geben Sie nicht gleich nach, wenn sie versuchen, weiterzureden. Ein Tonfall, der auf Sicherheit hindeutet, ist eine feste, gut verständliche Stimme, eine selbstbewusste Sprache mit flüssiger, klarer und deutlicher Aussprache.

6.4 Haltung

Die Haltung spiegelt die Gefühle wider, wie man zu sich selbst und zu anderen steht. Zur Haltung gehört auch der Gang. Der Volksmund sagt: „Wie du kommst gegangen, so wirst du empfangen". Gang ist häufig Spiegelbild des eigenen Lebensweges. Zum Beispiel kann der Gang müde schlurfend oder dynamisch energievoll sein.

Eine Haltung kann gerade und aufrecht oder in sich zusammengesunken sein. Sie kann nach vorne gereckt sein, starr oder neutral. Die Arme können verschränkt oder in die Seiten gestemmt sein, um ein paar Ausdrücke zu benennen. Bei einer selbstsicheren Haltung sind Rücken und Kopf gerade, die Schultern gespannt und zurückgebogen. Der Mensch steht sicher. Das Gewicht ist auf beide Beine verteilt. Beim Sitzen stehen die Beine nebeneinander. Die Arme sind unverschränkt. Worte werden durch Gestikulation unterstrichen. Die offene und entspannte Haltung vermittelt Sympathie. Da habe ich einen guten praktischen Hinweis für Sie.

Übung Marionette

Stellen Sie sich vor, Sie wären eine Marionette und führen sich selbst über die Bühne. Bald werden Sie merken, dass Sie allein durch dieses innere Bild automatisch aufrechter gehen. Ihre Wirbelsäule richtet sich regelrecht auf. Ein ruhiges sicheres Auftreten zeigt einen festen Stand, ein ruhiges Sitzen und einen festen Tritt beim Gehen. Körpersprachlich selbstsicher zeigen Sie sich mit einer aufrechten, lockeren Haltung. Wenden Sie sich dem Gesprächspartner und auch einer Gruppe direkt und entspannt zu.

6.5 Abstand

Ab und zu kann sich der Abstand verringern, aber beachten Sie die Intimzone. Das ist wichtig, denn nur so ist es möglich, die hohe Kunst der Nähe einzusetzen.

Halten Sie unbedingt die Distanzzonen ein, um nicht unerlaubt in das „Revier" des anderen einzudringen. Das kann je nach Menschentyp verschieden weit gesteckt sein. Südländer haben meist weniger Probleme damit, wenn wir Ihnen näher rücken, doch in unseren Regionen gelten in der Regel andere Gesetze.

Die Philosophie der Stachelschweine
Von dem Philosophen Arthur Schopenhauer stammt das vielzitierte Beispiel von den Stachelschweinen, die durch einen kalten Winter müssen. Sie rücken ganz dicht zusammen, um sich zu wärmen, doch die spitzen Stacheln pieksen, also rücken sie wieder voneinander ab. Aber dann frieren sie wieder. Sie müssen ihre Nähe und Distanz immer wieder neu regulieren, um einerseits nicht zu erfrieren, aber sich andererseits nicht an den Stacheln ihrer Stachelschweinkollegen zu verletzen.

Mein Tipp zur Distanz:
Strecken Sie gedanklich Ihren Arm aus. Wenn Sie Ihren Gesprächspartner nun berühren würden, sind Sie zu sehr in sein Revier eingedrungen. Ansonsten halten Sie circa einen Meter als angemessenen Sicherheitsabstand ein.

Das Bedürfnis nach einem solchen Abstand ist Erbe unserer langarmigen Vorfahren, die immer genügend Verteidigungsraum zwischen sich und ihrem „Gesprächspartner" wissen wollten. Auch wenn heute geschäftliche Verhandlungen in den seltensten Fällen noch mit Keulen geführt werden – achten Sie die persönliche Intimsphäre Ihres Gegenübers. Ansonsten wird er unbewusst Ihre Nähe als bedrohlich empfinden und sich abwehrend gegenüber dem verhalten, was Sie sagen.

Wenn Sie Menschen beobachten, die sich streiten, werden Sie feststellen, dass sie sich immer näher kommen, je aggressiver die Stimmung wird. Zuviel Nähe wird als Aggression verstanden. Die extreme Nähe wirkt wie ein physischer Angriff.

6.6   Stellen Sie sich überzeugend dar

Innere Glaubenssätze steuern unser Handeln und zwar sowohl sehr erfolgreiches als auch weniger erfolgreiches. Innere Überzeugungen machen sich auch nach außen hin bemerkbar. Gedanken und innere Glaubenssätze entwickeln die unangenehme Eigenschaft, nicht unsichtbar und innen zu bleiben, nein, sie streben ans Licht, wie auch schon der Volksmund sagt, „die Sonne bringt es an den Tag". Vom feinstofflichen geht das direkt ins grobstoffliche und jeder kann es sehen.

Negativbeispiele
Man sieht gebeugte, ungerade, ja krumme Körperhaltungen. Der Schritt ist unsicher, unstet; man hat das Gefühl, einem Leisetreter zu begegnen, der plötzlich neben einem steht, förmlich an einen heranschleicht. Es gibt Menschen, die irgendwie unkontrolliert mit den Armen rudern oder sie eng am Körper haben. Andere sehen wir nur mit verschränkten Armen oder sie zwirbeln an ihren Fingern herum, pulen an den Nägeln. Sie schauen einem nicht ins Gesicht oder die Augen fliehen zur Seite, kaum hat man sie angesprochen. Manche sprechen zu laut, obwohl man gut hört und sie sogar bittet, leiser zu sprechen. Wieder andere artikulieren permanent zu leise und erhöhen ihre Lautstärke immer nur ganz kurze Zeit, um dann wieder in die leise, auch irgendwie schleichende Tonart zu verfallen. Es gibt welche, die gar nicht lachen oder immer an den falschen Stellen.

Positivbeispiele
Sie sehen gerade und offene Körperhaltungen mit aufrechtem Kopf, der sich beweglich nach beiden Seiten anderen zuwendet. Der Schritt ist dynamisch, es wird fest aufgetreten. Man beobachtet eine passende Gestik. Arme und Hände formen Gedanken und man kann diesen Gesten, in Zusammenhang mit der Aussage der betreffenden Person, gut folgen. Die Gestik passt zum Menschen. Die Arme sind beim Gestikulieren frei weggehalten vom Oberkörper. Die Finger zeigen die Spannung und Energie, die man auch über die Aussage heraushört. Man erfährt offene freundlich wirkende Blicke und hat oft Blickkontakt. Der Tonfall ist freundlich und man versteht alle Worte. Die Sprachmelodie ist angenehm. Die Sprechgeschwindigkeit gerade richtig. Die Lautstärke ist gut: nicht zu laut und nicht zu leise.

Kongruenz

Die Kongruenz, die Übereinstimmung zwischen dem gesprochenen Wort und dem, was man beim anderen sehen und hören kann, ist bei den nonverbalen Signalen maßgeblich. Menschen, deren innere Glaubenssätze negativ gepolt sind, sei es sich selbst gegenüber oder in Bezug auf andere, wirken selten kongruent, weil sie in sich zerrissen sind.

Kongruenz ist immer ein innerer und ein äußerer Prozess. Innere Gedanken und Werte vermitteln sich in der Regel nach außen. Wir haben keine Chance, sie zu verbergen. Deshalb ist es auch sinnlos, Körpersprachetrainings zu absolvieren, die sich nur auf eine Veränderung der nonverbalen Signale ausrichten.

6.6.1 Der kompetente Auftritt entsteht im Kopf

Überprüfen Sie Ihre Überzeugungen, denn sie wirken nicht nur auf Ihre Gedanken – sie machen sich auch in Ihren Gefühlen breit. Möglicherweise sind es alte Grundsätze, die für Sie in Ihrem jetzigen Stadium keine Bedeutung mehr haben, aber aus alter Gewohnheit immer noch wirken. Ohne dass Sie es wollen, winken Ihre alten Glaubensgrundsätze immer noch aus Ihnen heraus und beeinflussen ihre Außenwirkung sehr stark.

Wenn wir nach außen positiv wirken möchten, dann entsteht dieser wirksame Auftritt zuerst im Kopf. Steht er dort nicht, dann kann er gar nicht erst entstehen. Unseren Vorstellungen sind keine Grenzen gesetzt. Was Sie denken, strahlen Sie aus, ob Sie wollen oder nicht. Wenn Sie im Kopf klar sind und möchten, dass Sie auch von anderen bemerkt werden, dann optimiert das Ihren Auftritt.

Emotionen

Über die Emotionen, die Sie zulassen, verstärken Sie Ihren Auftritt und Sie wirken strahlend und authentisch. Die Emotionen sind so was wie ein Brandbeschleuniger. Wollen Sie grillen, dann brennt Ihr Feuerchen wesentlich schneller, wenn Sie ihn dazukippen. Das gleiche geschieht mit Ihren Emotionen.

Häufig meinen Menschen, andere dürften nicht erkennen, was sie fühlen. Sie schämen sich ihrer Gefühle oder sind einfach unsicher, ob sie richtig fühlen und versuchen deshalb ihre Gefühle zu verbergen. Dabei ist das Gegenteil der Fall.

Gefühle sind richtig, denn sie kommen von ganz drinnen, stecken ganz tief in ihrer Persönlichkeit. Sie werden gespeist von allen Erfahrungen, die sie je gemacht haben. Hier gibt es eine Ausnahme: wenn Sie sich schlecht, ängstlich, unsicher und voller Sorge fühlen. Dann gilt es meistens, noch mal nachzuspüren. Sind das vielleicht Gefühle, die nur entstanden sind, weil besonders vorsichtige Teile Ihres Inneren dem Frieden nicht ganz trauen und zur Wachsamkeit aufrufen? In dem Moment sind eventuell die zuversichtlichen, bestärkenden Anteile zurückgedrängt worden.

Ich denke, eine unserer wichtigsten Aufgaben auf dieser Erde ist es, glücklich zu sein, Erfüllung zu finden und uns zu verwirklichen. Es steht für mich wenig Sinn dahinter, zu grübeln und mir Sorgen zu machen. Sicher ist das nicht immer so. Auch Sie kennen wohl Phasen, in denen Sie sich zu viele Gedanken machen anstatt in die schöne Welt zu blicken, sich an der Natur zu erfreuen, erfüllt von fröhlichen Bildern und Vorstellungen.

Als einfache Faustregel merken Sie sich: wenn Sie positive Gefühle haben, können Sie diesen in der Regel trauen. Sind Ihre Gefühle traurig und zweiflerisch, sollten Sie sie noch einmal überprüfen. Vielleicht machen sich da alte Sorgen und Ängste bemerkbar, die mit Ihrem heutigen Ich wenig zu tun haben. Arbeiten Sie daran, innerlich mitzuwachsen und zeigen Sie das auch.

Beispiel: Entwickeln Sie Routine
Ich erinnere mich an einen Mitarbeiter in einer großen Firma. Sein erster Auftritt als Redner vor Publikum war auf einer Veranstaltung, bei der er den Hauptredner ankündigen sollte. Schon vor seinem Auftritt merkte ich, wie er zitterte, ganz blass im Gesicht war und sah ihm an, dass er sich unwohl fühlte. Schließlich war der Zeitpunkt gekommen, an dem er ans Rednerpult musste, um seine Ansage zu machen. Ich sah, wie er schluckte, das Manuskript raschelte, weil er die Hand nicht stillhalten konnte. Seine Ansage war nicht besonders gut, die Augen hielt er nur auf seinen Aufschrieb gesenkt, Schweiß überströmte seine Stirn und er konnte kaum ins Mikrophon sprechen. Was er sagte, war kaum zu verstehen. Aber egal, er hatte es getan.

Er war danach ganz durch den Wind, aber irgendwie auch erleichtert und euphorisch, weil er tatsächlich gewagt hatte, vor Publikum zu sprechen. Und schließlich, im Verlaufe vieler anderer Ansagen entwickelte er eine Routine, kann inzwischen das Publikum anschauen, ist gar nicht mehr zittrig und von der Aussprache her gut zu verstehen. Er liebt die Bühne noch nicht, hat aber schon ein gewisses Vergnügen daran entwickelt, vor Publikum zu sprechen. Ausgeschlossen ist es nicht, dass er sich noch zum charismatischen Redner entwickelt.

Entwickeln Sie Routine. Übung macht den Meister.

6.7 Tipps zur Veränderung der nonverbalen Signale

Nun gibt es Möglichkeiten, mit denen Sie die eigene Ausstrahlung verbessern können. Diese können Sie sich leicht aneignen. Dadurch wird ein interessanter Prozess in Gang gesetzt:

Eine Veränderung der eigenen Körpersprache bewirkt eine Veränderung des inneren Zustandes und umgekehrt.

Das heißt, Sie werden sich mit diesen Tipps, wenn Sie eine Weile geübt haben, automatisch wohler fühlen. Die Tipps gelten im Prinzip auch bei jeder Präsentation. Hier ist es im Vorfeld angebracht, sich innerlich auf den Prozess der Selbstdarstellung, denn nichts anderes ist jede Präsentation, zu programmieren.

Visualisieren Sie sich dazu Ihr Ziel wie im Kapitel Ziele beschrieben. Setzen Sie Ihren Verstand und Ihre Gefühle ein, agieren Sie auf beiden Ebenen, denn nur wenn beide vorhanden sind, fühlt sich auch der Zuhörer im Kopf und im Herz angesprochen. Fragen Sie sich:

– Wer sind Ihre Zuhörer?
– Wen müssen Sie beeindrucken?
– Wie groß ist Ihr Selbstvertrauen und Ihre Selbstachtung?
– Steht Ihnen eine neue Erfahrung bevor oder sind Ihnen Situationen dieser Art schon vertraut?
– Entscheiden Sie, wie Sie aussehen möchten, welches Bild Sie von sich vermitteln.
– Was möchten Sie über die nonverbalen Kanäle des Tonfalls und der sonstigen Signale der Körpersprache transportieren?

Untersuchungen haben gezeigt, dass viele Leute zu viel Wert auf die Formulierung ihrer Worte legen. Amerikanische Forscher fanden heraus, dass der Mensch seine Gefühle nur zu 6% durch Worte, aber zu 40%

durch den Klang seiner Stimme und zu 54% durch die übrigen nonverbalen Signale ausdrückt.

Deshalb ist es wichtig, sich selbst zu programmieren, um sich im wahrsten Sinnes des Wortes „sich selbst sicher" zu sein. Es hilft nicht, wenn Sie meinen, Sie könnten Ihre Körpersprache manipulieren. Nur hervorragende Schauspieler sind dazu fähig. Wir anderen jedoch können nicht vortäuschen. Wenn Sie Fröhlichkeit demonstrieren, die Sie nicht empfinden, dann wird Ihr Gegenüber, auch wenn er nicht besonders sensibel ist, merken, dass da etwas nicht stimmt – weil Sie nicht stimmig sind.

> Denken Sie immer daran, der persönliche Eindruck wird nur zu sechs Prozent durch die Worte selbst bestimmt.

6.7.1   Wer hört überhaupt zu?

Analysieren Sie Ihr Publikum. Stellen Sie fest, wie es reagiert. Ändern Sie gegebenenfalls Ihre Methoden. Denken Sie an folgende aufbauende Gedanken:

- Die Zuhörer wünschen Ihren Erfolg.
- Die Zuhörer sind auch nur Menschen, die Sie bewundern, weil Sie etwas vor Publikum sagen.
- Sie als Redner haben eine einflussreiche Position.
- Sie sind bestimmt besser als Sie meinen.
- Sie sind gelassen, wenn Sie sich auf die Bedürfnisse Ihrer Zuhörer konzentrieren.
- Die Erwartungen Ihrer Zuhörer können Sie bestimmt übertreffen.

6.8   Welche Einstellung und Körperwahrnehmung?

Entscheidend ist Ihre innere Haltung, da sie Auswirkungen auf den Gesprächspartner hat. Er spürt, ob Sie von sich überzeugt sind oder nicht. Begeisterung ist eine Fackel, an der sich andere entzünden. Wenn Sie fröhlich und optimistisch sind, ist das zu spüren. Ihre innere Ruhe und Ausgeglichenheit vermittelt sich über jede Ihrer Gebärden. Wenn Sie schließlich Ihre Gespräche zuversichtlich und mit Selbstbewusstsein führen können, dann ist es nicht mehr weit zu meisterhaften Auftritten.

Sie können in einem Gespräch oder einer Diskussion Ihren Gesprächspartnern Ihre Fakten, Einsichten und Ansichten so klar mitteilen, dass diese Ihren Ausführungen folgen und sie nachvollziehen können. Den anderen zu überzeugen heißt jedoch nicht, sich durchzusetzen. Möglicherweise überzeugen Sie die anderen und trotzdem setzt sich Ihre Meinung nicht durch. Sie können Ihren Gegenüber dann nicht zum Vertragsabschluss bewegen, vielleicht weil es Fakten gibt, die Sie nicht kennen. Dennoch ziehen Sie einen Gewinn aus einem so geführten Gespräch. Wenn sich die Fakten für Ihren Gesprächspartner wieder ändern, wird er sich an Sie erinnern und das nächste Mal werden Sie zum Zug kommen.

Da Sie als Person Ihr wichtigstes Handwerkszeug sind, ist es wichtig, um besser argumentieren zu können, Ihre Wirkung als Person in gewissen Aspekten zu verstärken: Sprechen Sie also mit deutlicher und verständlicher Stimme. Setzen Sie Ihre Körperhaltung richtig ein. Sind Sie sich der eigenen Ausstrahlung und Verhaltensweisen bewusst:

So haben Sie eine optimale Ausstrahlung

Grundstimmung

- freundliche, fröhliche und entspannte Grundstimmung
- kontaktfreudig, kommunikativ
- großzügig, hilfsbereit
- ermutigend, motivierend
- glückliches Gefühl verbreitend
- sportlich, gesund, kraftvoll
- ruhiger, gleichmäßiger Atem
- ruhiger Herzschlag, innere Ruhe

Mimik

- entspannte Mimik, die Sympathie und Mitgefühl spiegelt
- aufnahmebereiter Gesichtsausdruck
- vielseitige, ausdrucksstarke Mimik
- entspanntes Kinn
- ermutigend, zunickend
- direkter, ruhiger Blick
- das Lächeln umfasst das ganze Gesicht
- Ärger und jedes andere Gefühl spiegelt sich im ganzen Gesicht
- Worte und Miene harmonieren

Gestik

- ausdrückliche Gestik, fasst andere gern an
- Hände und Arme zeigen Interesse
- Handflächen zeigen nach oben
- ausgestreckte Finger zeigen, dass Sie nichts verbergen
- fester, warmer Händedruck

Haltung

- zugewandte, nahe, achtungsvolle Haltung
- Haltung kräftig: Kopf aufrecht, Schultern nach hinten, Rücken gerade
- raumeinnehmende Haltung
- Beine stehen beim Sitzen nebeneinander
- Füße stehen fest auf dem Boden
- bewegliche Haltung beim Stehen
- kraftvoller, dynamischer Gang

Tonfall

- warme, gelassene Stimme
- wohltönender Tonfall in ausreichender Lautstärke
- Ärger ist über die Stimme hörbar
- Sprechtempo: ca. 100 bis 120 Worte pro Minute: nicht zu schnell und nicht zu langsam
- angemessener Sprachfluss mit wohlgesetzten Pausen
- gut betonte Konsonanten, dann klappt es auch mit den Vokalen

6.9 Kontakte herstellen über das Körperinstrument

Die Körpersprache ist noch aussagekräftiger als der Sprachstil. Hier denke ich weniger an die Bedeutung der Gesten; diese sind zu individuell, abgesehen vom Händeschütteln. Vielmehr meine ich Gewohnheiten eines Individuums, wie Kopfneigen auf eine Seite beim Sprechen, Klopfen mit den Füßen oder Atmen in einem bestimmten Rhythmus.

Die Körpersprache eines Menschen sachte zu imitieren, ist einer der wirkungsvollsten Wege, Kontakt zum Gesprächspartner herzustellen. Die erfolgreichste Technik ist, den Atemrhythmus des Gesprächspartners zu kopieren. Wenn Sie Ihren Atem dem Ihres Partners anpassen, wird er sehr schnell mit Ihnen kommunizieren.

Bewegungen wie Kopfnicken, Kniekreuzen, Händereiben sind Gewohnheiten, die sich leicht kopieren lassen. Nun meinen Sie vielleicht, andere werden sofort bemerken, wenn ihre Bewegungen imitiert werden? Erstaunlicherweise ist das nicht der Fall, die Imitation wird kaum beachtet. Durch das Spiegeln fühlt sich der Gesprächspartner angenommen und die Kommunikation verbessert sich. Es entsteht ein Gefühl der Einigkeit. Diesen Effekt kann ich nach vielfältigen Videoaufnahmen und späteren Videoanalysen bestätigen.

Es ist auch möglich, andere Körperteile zu benutzen, um jemanden zu spiegeln. Sie können z.B. den Atemrhythmus imitieren, indem Sie Ihre Hand oder Ihren Fuß im selben Rhythmus bewegen. Gute Gesprächspartner wenden dies – oft unbewusst – sehr häufig an.

Wenn z.B. jemand zu Ihnen kommt, weil er wegen etwas sehr sauer ist, nützt es meist sehr wenig, ihm zu sagen „Nun beruhigen Sie sich doch wieder." Die Kommunikation läuft besser, wenn Sie vorerst seine Wut zu verstehen versuchen, indem Sie seine Körpersprache spiegeln, also auch aufstehen und gestikulieren und ausrufen. Danach können Sie Ihre Gestik verlangsamen, den Ton zurücknehmen und sich langsam wieder hinsetzen. In den meisten Fällen kommt der Gesprächspartner dann auch „herunter".

Wer von sich überzeugt ist, erreicht den Gesprächspartner schneller. Sensibilisieren Sie Ihre Körperwahrnehmung und lassen Sie Gefühle wie Kontaktfreude, Glück und Entspannung in sich groß werden. Sie erreichen Ihren Gegenüber um so besser, wenn Sie seine Körpersprache ein wenig imitieren. Er wird es nicht bemerken und sich stattdessen in Ihrer Gegenwart wohl fühlen.

6.9.1 Kleider machen Leute

Da die Kleidung ebenso wie die nonverbalen Signale zur ersten Wahrnehmung gehören und den Eindruck, den Sie auf andere machen, sehr stark mitprägt, möchte ich hier darauf eingehen.

Ein gepflegtes Äußeres ist selbstverständlich. Nicht nur für jeden Auftritt achten Sie im Business auf saubere, gut sitzende Kleidung. Wählen Sie Farben, die Ihnen stehen. Falls Sie ganz unsicher sind, investieren Sie in eine Farb- und Stilberatung, das zahlt sich langfristig aus. Lassen Sie sich eine moderne Brille anpassen, die gut zu Ihrer Gesichtsform passt. Benützen Sie ein unaufdringliches Parfüm. Legen Sie sich eine gut sitzende Frisur zu. Bei Frauen gilt, ein leichtes Make Up wirkt gepflegt.

Bei einer Präsentation versetzen Sie sich frühzeitig in die richtige Stimmung. Ziehen Sie schon lange vor der Veranstaltung, bei der Sie auftreten wollen, richtig an. Zeigen Sie jedem, der Ihnen über den Weg läuft, im Parkhaus, am Empfang, im Fahrstuhl – die beste Seite Ihrer beruflichen Identität. So wird Ihre Ausstrahlung Selbstvertrauen signalisieren.

Konzentrieren Sie sich auf die neunzig Prozent, die den ersten Eindruck ausmachen. Sie müssen kompetent aussehen, eine angemessene Körpersprache haben und mit Ihrem Lampenfieber fertig werden.

Aussehen und Auftreten
Im Aussehen ist auch das Auftreten eingeschlossen: Hier ist wichtig, treten Sie natürlich auf! Je ungezwungener und natürlicher ein Mensch sich in dieser Situation verhält, um so größere Chancen besitzt er, das Richtige zu tun. Diese Fähigkeit erwirbt er aber häufig erst dadurch, dass er viele Misserfolgserlebnisse analysiert und verarbeitet.

Klar sein
Wenn wir klar sind, sind wir für andere durchsichtig, verstecken uns nicht hinter Ausflüchten, Schweigen und halbherzigen Äußerungen. Seien Sie mutig, sprechen Sie Klartext. Das macht am Anfang Angst. Wenn Sie aber erst einmal erfahren haben, dass die befürchteten Konsequenzen ausbleiben, Sie an Ausstrahlung gewinnen und Ihnen vor allem auch zugehört wird, dann wird es leichter.

Um Klartext zu sprechen, also wirksam zu reden, muss ich natürlich erst mal klar denken. Dazu ist es hilfreich, sich zu fragen „Was denke und fühle ich jetzt". Gewöhnen Sie sich an, sich selbst immer mal wieder diese oder eine ähnliche Frage zu stellen. Auch hier sind wieder Eintragungen in Ihr Selbstbuch von Vorteil.

Entscheiden Sie, wie Sie aussehen möchten, welches Bild Sie von sich vermitteln wollen. Jede Maßnahme, mit der Sie Ihre Selbstsicherheit steigern können, prägt den Eindruck, den Sie auf andere machen. Deshalb wirkt sie sich auch immer auf Ihre nonverbalen Signale aus.

Wählen Sie Kleidung, die Ihnen steht und prägen Sie dadurch den ersten Eindruck, den andere von Ihnen bekommen. Wenn Ihnen klar ist, was Sie wollen, ist es nur noch ein kurzer Weg, dies auch klar zu formulieren.

6.10 Nutzen Sie Ihr Lächeln

Schon Babys belohnen ihre Eltern mit einem strahlenden Lächeln. Bevor sie sprechen, sitzen oder krabbeln, lächeln sie. Das ist angeboren und wird universell verstanden. Evolutionsgeschichtlich ist belegt, dass überall auf der Welt in bestimmten Situationen gelächelt wird. Zum einen ist Lächeln der Ausdruck einer positiven emotionalen Reaktion, zum anderen ist es das wichtigste Signal zur Beziehungsregulierung. In der Kommunikation signalisiert das Lächeln dem Gegenüber wie das Gesagte gemeint ist.

Über schwierige Situationen kann das Lächeln hinweghelfen und es stärkt die Beziehungen, denn Menschen, die angelächelt werden, lächeln auch meistens zurück. Die meisten verstehen intuitiv, ob es sich um ein echtes oder ein aufgesetzten Lächeln handelt. Ein wirkliches Lächeln überzieht das ganze Gesicht und wird auch nicht einfach an- und ausgeknipst wie ein soziales Lächeln.

Beim Lachen lösen sich aufgestaute Spannungen (Kampfhormone). Es ist also ein Anti-Stress-Faktor. Man kann lachen, weil man etwas lustig oder komisch findet. Es gibt aber auch höhnisches, boshaftes, spöttisches oder gehässiges Lachen, ebenfalls ein schadenfrohes. Außerdem das künstliche Lachen, eine Nachahmung des Lach-Prozesses, das mit dem wirklichen Lachen kaum etwas gemeinsam hat.

Lachen kann also entspannen. Aber hüten Sie sich vor dem verkrampften Dauerlächeln oder überhaupt vor dem Lächeln als Standardreaktion. Prüfen Sie einmal, ob Sie oft lachen oder lächeln, wenn Sie sich unsicher fühlen oder um eine Verlegenheit zu überspielen. Probieren Sie es aus, das Lächeln in solchen Situationen wegzulassen und Sie werden bemerken, dass Sie eher ernst genommen werden.

Kommt das Lächeln dagegen von innen und es lächelt sozusagen aus Ihnen heraus, weil Sie innerlich entspannt sind, dann ist es eine wunderbare Methode, um mit seinen Mitmenschen in Kontakt zu kommen. Und denken Sie daran, Lächeln beansprucht viel weniger Muskeln als grimmig zu schauen.

Kleine Übungen zur Verbesserung der Körpersprache

Übung Lächeln

Gefühle sind ansteckend wie Windpocken. Sie übertragen sich in Windeseile, ob wir wollen oder nicht. Bald schon entdeckt man die Flecken im Gesicht des anderen. Die Inkubationszeit ist rasend schnell. Nehmen Sie als Beispiel das Lächeln. Probieren Sie es selbst aus, ehe Sie weiterlesen. Laufen Sie durch die Straße und lächeln – völlig grundlos, aus Spaß an der Freude – fremde Menschen an. Checken Sie, wie die Leute auf Ihr fröhliches Gesicht reagieren. Sie werden sehr erstaunt sein, wie viele zurücklächeln. Und Sie selbst werden sich besser fühlen. Ohne dass Sie es wissen, haben Sie auch den anderen ein Geschenk gemacht und sie werden mit einem froheren Gefühl weitergehen.

Übung Buch balancieren

Stellen Sie sich vor, Sie balancieren ein Buch auf Ihrem Kopf. Spüren Sie das Gewicht? Lassen Sie es nicht herunterfallen und lächeln dabei. Währenddessen spüren Sie in sich hinein, wie sich die Haltung Ihres Kopfes und des ganzen Körpers verändert.

Übung Aktentaschen tragen

Stellen Sie sich vor, Sie tragen zwei schwere Aktentaschen, an jeder Seite eine. Spüren Sie, wie Ihre Arme angestrengt werden? Sie müssen sich gerade hinstellen, damit Sie das Gewicht der Taschen tragen können. Lächeln Sie und spüren Sie dann in sich hinein. Bemerken Sie, wie sich Ihr Brustkorb weitet, sich Ihr Blick nach vorne richtet und die Schultern sich senken? Die gesamte Haltung strafft sich.

Übung Offenheit signalisieren

Egal wo Sie sind, mit wem Sie sich unterhalten, bei einem Auftritt, bei einer Präsentation, achten Sie darauf, entspannt und bequem zu stehen oder zu sitzen. Das wirkt auf Sie selbst beruhigend und führt dazu, dass Sie überlegter handeln. Gleichzeitig strahlen Sie auch auf andere Menschen Ruhe und Selbstsicherheit aus. Sie wirken also selbstbewusster. Das wiederum beeinflusst Ihren Gegenüber, der sich in Ihrer Gegenwart wohler und entspannter fühlt. Entspannte Kommunikationspartner kommunizieren offener und klarer.

7 Das Kaninchen und die Schlange

Blicken Sie nicht wie das Kaninchen auf die Schlange, wenn Ihnen ein Auftritt bevorsteht, der Sie beunruhigt. Das Kaninchen stellt sich einfach tot, in dem Glauben oder vielmehr instinktiv, weil es annimmt, dann würde die Schlange es nicht bemerken. Aber Sie wissen inzwischen, dass Sie auch wahrgenommen werden, wenn Sie nichts sagen oder sich im Hintergrund halten möchten.

Nun will ich Ihnen einige Fragen zur Selbstachtung stellen, die Sie nachdenklich machen sollen und zwar unter dem Titel:

„Wissen Sie, wie Sie aussehen, wenn Ihre Selbstachtung gering ist?"

Wie sehen Sie aus, wenn Sie unter Druck stehen, wenn die Dinge nicht so laufen, wie Sie es wollen, wenn Sie wütend oder deprimiert sind?

- Vielleicht runzeln Sie in solchen Augenblicken die Stirn?
- Ihre Bewegungen sind hektisch?
- Sie atmen zu schnell?
- Sie hören nicht mehr zu?
- Sie werden sarkastisch?
- Sie konzentrieren sich auf das Problem statt auf seine Lösung?
- Sie schalten ganz ab?
- Sie ziehen sich zurück?

Genau die oben genannten Punkte halten Sie aber im Bann der Schlange. Das hoffende Kaninchen hat vielleicht Erfolg, wenn es sich still verhält und die Schlange bemerkt es nicht, weil sie vielleicht gar nicht hungrig ist. Wie Sie aber schon gehört haben, werden wir, wenn wir uns in einer Situation passiv verhalten, erst recht bemerkt und im Zusammenhang mit der Passivität gespeichert: „Das ist doch der, der nie was sagt." „Das ist doch die Frau, die immer ganz außen sitzt und sich nicht beteiligt."

Bestimmt möchten Sie nicht so in Erinnerung bleiben, besser wäre doch: „Das ist Herr Gut, der immer so witzige Beiträge vom Stapel lässt" oder „Das ist Frau Klever, die selbstbewusst in jedem Meeting Ihren Standpunkt formuliert". Leute, an die wir uns auf diese Art erinnern, sind doch eher ein Vorbild oder was meinen Sie?

7.1   Verändern Sie Ihr Selbstgespräch

Sobald Sie für sich klar definiert haben, was Sie in der konkreten Situation erreichen möchten, sollten Sie sich innerlich auf den Prozess der Selbstdarstellung programmieren. Setzen Sie dabei Ihren Kopf und Ihr Herz ein, agieren Sie auf der Denk- und Gefühlsebene. Steht Ihnen eine neue Erfahrung bevor oder sind Ihnen Situationen dieser Art schon vertraut?

Selbstbild versus Fremdbild
Das Selbstbild ist der Eindruck oder die Vorstellung, die wir von uns selbst haben. Dieser Eindruck unterscheidet sich manchmal sehr von dem Eindruck, den andere Menschen von uns haben. Was andere von uns denken oder wie sie uns einschätzen, nennt man Fremdbild. Zum Selbst- und Fremdbild trägt vor allem die Körpersprache bei, was unser Körper ausdrückt ohne dass wir es wissen und oft sogar ohne es zu wollen.

Wenn Sie sich selbst vernachlässigen, lässt sich dies nicht verbergen. Sobald Sie sich nicht genug um Ihren Verstand, Ihre Seele und Ihren Geist gekümmert haben, wird sich das nach außen hin genauso zeigen als wenn Sie Ihren Körper nachlässig behandeln.

Selbstvertrauen
Sobald Sie dagegen beginnen, sich um sich selbst zu kümmern, wächst das Selbstvertrauen, doch dies scheint manchmal leicht zu erschüttern. Eine einzige beiläufige Bemerkung, ein Kundenkontakt, der nicht ganz so hervorragend ausfällt, oder ein Tag, an dem Sie das Falsche angezogen haben, können Ihr Selbstvertrauen erschüttern. Überlegen Sie daher, was Sie tun können, um Ihr Bild von sich zu stärken:

- Wissen Sie, welche Dinge Ihnen Selbstvertrauen geben? Wenn ja, dann sollten Sie sich vor allem mit diesen Dingen umgeben. Vielleicht vermittelt Ihnen gute passende Kleidung Selbstbewusstsein? Dann werden Sie in dieser Richtung aktiv.
- Wissen Sie, welche Dinge Ihr Selbstvertrauen untergraben? Es ist sehr wichtig zu wissen, was einen schwächt. Manche können nicht gut improvisieren. Für sie ist es entscheidend, möglichst gut vorbereitet zu sein und alle Eventualitäten im Vorfeld zu überdenken. Was könnte passieren? Wie verhalte ich mich dann? Das Voraus-

denken hilft und man wird seltener unangenehm überrascht. Hierzu gehört auch, immer möglichst alle Unterlagen, die man benötigen könnte, mitzunehmen. Man sollte sich gut organisieren, alle bekannte Arbeitstechniken in dieser Hinsicht einsetzen.

– Wissen Sie, wie Sie eine Steigerung Ihres Selbstvertrauens erreichen? Setzen Sie alles ein, was Ihnen hilft. Reflektieren Sie regelmäßig Situationen, in denen Sie sich gut gefühlt haben, zählen die Umstände auf, die dazu geführt haben. Versuchen Sie dann für künftige Situationen ähnliche Umstände herzustellen, soweit das in Ihrer Macht steht. Was Sie schon als Muster erkannt haben, notieren Sie in Ihr Selbstbuch.

Was immer Sie an Zeit, persönlichen Beziehungen, Geld oder Anstrengungen investieren, um Ihr Selbstvertrauen für den besonderen Anlass der Präsentation aufzubauen und für jeden anderen Anlass auch – es lohnt sich auf jeden Fall!

Die Nerven in den Griff bekommen
Wenn wir nervös sind, sendet unser Unbewusstes dem Körper Signale, die sagen in Sprache ausgedrückt: „Das kann ich nicht ...", „Ich werde mich total blamieren ...", „Davor habe ich wirklich Angst ...". Auch wenn Ihnen solche Gedanken oder Gefühle unangenehm sind, eigentlich müssten Sie dankbar sein, denn dadurch merken Sie, auf der Gefühlsebene passiert etwas. Nur wenn wir das wissen, können wir aktiv werden.

Was macht Ihr Verstand in dieser Lage? Und Ihr Körper? Wie fühlen Sie sich? Üben Sie einen Mechanismus ein, der Ihre Nervosität dämpft.

Ihre Körperhaltung löst beim Gegenüber Assoziationen aus. Optimal ist es, wenn verbale und nonverbale Äußerungen übereinstimmen. Ihre Körperhaltung zeigt Empfindungen wie Abneigung und Interesse und informiert Ihren Gegenüber über Ihre Emotionen.

Schon der österreichische Kommunikationswissenschaftler Paul Watzlawik [Watzlawik], sagte: „Man kann nicht nicht kommunizieren". Das bedeutet, selbst wenn Sie am liebsten völlig übersehen werden möchten und es Ihnen lieber wäre, keiner beachte Sie, werden Sie gerade deshalb einen speziellen Eindruck bei anderen Menschen hinterlassen. Und vermutlich wäre Ihnen ein anderer Eindruck lieber.

7.2 Beziehungen pflegen und sich im Berufsleben behaupten

Eine positive Atmosphäre in jedem Team oder jeder Gemeinschaft von Menschen resultiert vor allem daraus, dass die Menschen harmonische Beziehungen zueinander pflegen. Hierzu zählt vor allem die Fähigkeit aufmerksam zuzuhören.

Feedback
Es ist wichtig, offenes Feedback zu geben und anzunehmen. Senden Sie Ich-Botschaften, das sind Sätze, die mit dem Pronomen ich beginnen und deutlich machen, wie es Ihnen dabei geht, wenn Sie das Verhalten Ihres Gegenübers betrachten. Passen Sie auf, dass sich hier nicht unversehens eine Anklage einschleicht und Sie damit Ihren Gegenüber angreifen.

Außerdem üben Sie, andere konstruktiv zu kritisieren. Denken Sie daran, dass Sie die Sache oder das Verhalten kritisieren und nicht den Menschen an sich. Noch schwerer ist es, Kritik anzunehmen ohne sich persönlich beleidigt zu fühlen. Aber unterstellen Sie doch einfach mal, dass der andere ebenfalls die Sache und nicht Sie als Mensch in Frage stellt. Behaupten Sie sich selbst, aber lassen Sie dieses Verhalten nicht zum Zwang werden. Seien Sie auch tolerant, kompromissbereit und aufrichtig. Verhalten Sie sich hilfsbereit.

Selbstimage
Das Selbstimage ist die Ausstrahlung des eigenen Ichs. Im Grunde ist es das Resultat jeder gelebten Sekunde Ihres Lebens. Jedes Erlebnis, jede Erfahrung, jeder Gedanke – einfach alles – bildet und prägt Ihr Image. Das Leben erzieht laufend. Insbesondere die Erziehung bildet den Charakter und formt die Art, wie Sie sind.

Die ersten Lehrmeister dürften Ihre Eltern gewesen sein. Sie lehrten Sie zu laufen und sprachen Ihnen vor. So gibt es mehrere Bezugspersonen, die Schlüsselfiguren in Ihrem Leben sind. Ebenso half die schulische Erziehung, Ihr Selbstimage zu bilden. Und jetzt im Berufsleben werden Sie weiterhin geprägt und geformt oder modellieren sich selbst.

Gleichwohl kann der Bildungsvorgang des Selbstimages niemals als abgeschlossen betrachtet werden. Wie ein Tonband nimmt Ihr Gehirn Wissenspotential auf, um es bei Bedarf zu verwenden und „abzuspulen". Dann beweisen Sie „wessen Geistes Kind Sie sind". Durch die Übernahme multiplizieren Sie Ihr Erfahrungspotential. Diese Bereitschaft ist notwendig. Denn jeder Mensch ist unfertig und sollte sich dessen bewusst sein. Darin besteht die große Chance, denn in jedem Lebensalter ist weitere Veränderung möglich. Keiner muss also die Sorge haben, es sei zu spät und er könne sich nicht mehr verändern.

Persönlicher Erfolg und Image
Entscheidenden Anteil an der Prägung Ihres Images hat Ihr persönlicher Erfolg oder auch Misserfolg. Sind Sie glücklich oder unglücklich? Beabsichtigen Sie, sich weiterzubilden oder stagnieren Sie im Wissen?

Auch andere Werte spielen eine entscheidende Rolle:

- Freundlichkeit
- Entgegenkommen
- Aufgeschlossenheit und
- Hilfsbereitschaft

um nur einige positive Grundeigenschaften zu nennen. Mit Ihnen gewinnen Sie an Beliebtheit. Menschen mit solchen Eigenschaften besitzen meist eine innere Ausgeglichenheit. Sie ist notwendig, um erstens zu bestehen und zweitens von Mitmenschen positiv „empfangen" zu werden. Und es zählt die Einstellung zur Zukunft!

Wir alle brauchen das Lob. Wir alle wollen dadurch ab und zu durch Anerkennung gestreichelt werden und fühlen uns in solchen Augenblicken wohl. Wir sehnen uns danach und empfangen die Anerkennung dankbar. Damit speisen wir unser Selbstbewusstsein. Leider finden wir nicht immer solche „Tankstellen" mit den Marken Anerkennung und Liebe. Deshalb ist es unendlich wichtig, das persönliche Kräftepotential aufzubauen. Dadurch wird der Selbstaufbau vorangetrieben.

Überlegen Sie einmal, wie Sie dafür sorgen können, dass Ihre Reserven nicht versiegen und ständig beansprucht werden? Was haben Sie bisher getan, um Ihre Reserven aufzufüllen? Welche zuverlässigen Tankstellen für Anerkennung kennen Sie?

Trainieren Sie Eigenschaften wie freundlich, hilfsbereit und optimistisch sein. Üben Sie, konstruktiv zu kritisieren und Kritik anzunehmen ohne sich persönlich angegriffen zu fühlen. Nehmen Sie Lob an und loben Sie selbst. Entdecken und entwickeln Sie in Ihrem Leben möglichst viele „Tankstellen", an denen Sie Ihre Kräfte aufladen und Ihr Selbstimage verbessern können.

7.3   Selbstsicherheit – Selbstbewusstsein

Viele Menschen definieren Selbstbewusstsein unterschiedlich. Manchen Menschen fehlt es an Selbstbewusstsein, weil sie es nicht durch Erfahrung und Übung erworben haben. Von anderen überflügelt, die auch nicht begabter sind als sie, bleiben sie jahrelang im gleichen Job, weil sie nicht wissen, wie man es anstellt, befördert zu werden. Andere können Kränkungen und Zurücksetzungen nicht ertragen, weil sie die Reaktionen nicht kennen, mit denen man solches Verhalten kontern kann. Andere wieder sagen ja zu Bitten, obwohl sie gar nicht ja sagen wollen. Sie handeln so, weil sie niemals die Kunst des Nein-Sagens gelernt haben. Über häufiges Nachdenken und Reflektieren kann man sich selbst auf die Schliche kommen. Dadurch wird das Bild klarer und Sie können Ihr Selbstbewusstsein aufbauen.

Woran erkennt man gesundes Selbstvertrauen und wie kann sich das auswirken? Auf dem Weg zu größerem Selbstbewusstsein und einem besseren Durchsetzungsvermögen wollen wir uns einmal die Charakteristika eines selbstbewussten Menschen ansehen. Was unterscheidet ihn eigentlich vom weniger selbstbewussten?

Was zeichnet selbstbewusste Menschen aus?

- Er scheut sich nicht, seine Motive und Bedürfnisse klarzustellen. Durch Worte und Handlungen macht er klar: „So bin ich. So fühle ich, so denke ich und so sehen meine Wünsche aus".
- Er kann mit Menschen jeder Ebene kommunizieren: Mit Vorgesetzten, mit Fremden, Freunden, mit Angehörigen. Seine Kontaktbereitschaft ist immer offen, direkt, aufrichtig und angemessen.
- Er steht dem Leben aktiv gegenüber. Er strebt nach den Dingen, die er haben oder erreichen möchte. Weil er versucht, sie selbst zu bewirken, steht er im Gegensatz zum passiven Charakter, der wartet, dass die Dinge passieren.
- Er handelt so, dass er sich achten kann. Da ihm bewusst ist, es kann nicht alles gelingen, akzeptiert er seine Grenzen. Trotzdem versucht er, immer das Beste herauszuholen. Ob er gewinnt oder verliert oder nur ein Unentschieden erreicht, behält er immer seine Selbstachtung.

Angemessenes Selbstbewusstsein kann durch unangemessenes Lernen beeinträchtigt werden. Man wird dazu konditioniert, bestimmte Dinge zu fürchten. Dabei handelt es sich bei sozialen Beziehungen um die Furcht, unbeliebt zu sein oder abgewiesen zu werden oder innere Empfindungen wie Angst, Zorn oder Gefühle der Zärtlichkeit. Wenn man bestimmte Situationen fürchtet, versucht man, den Umständen aus dem Weg zu gehen, die zu ihnen führen, wodurch selbstbewusstes Verhalten gehemmt wird. Dadurch kann einem die aktive Steuerung des eigenen Lebens entgleiten.

> Selbsterkenntnis hilft, Ihr Selbstimage dauerhaft anzuheben.

7.4 Erkennen Sie Ihre Stärken

Ein klares Bewusstsein für Ihre Stärken wiegt jede mögliche Verunsicherung wegen einer Schwäche oder vor einer großen neuen Herausforderung auf. Außerdem können Sie, wenn Sie Ihre Stärken genau kennen, diese bei allem Tun und allen Entscheidungen gezielt einsetzen. Ihre Vorzüge machen Sie stark. Wie erkennen Sie Ihre Stärken, damit Sie auf sie bauen können?

Ihre Schwächen zu kennen ist notwendig, wenn Sie sich bewusst mit jeder einzelnen Schwäche konfrontieren wollen, um sie gezielt zu überwinden. Meine Empfehlung aber ist: Schlagen Sie ab heute einen anderen Weg ein. Vernachlässigen Sie Ihre Schwächen, und konzentrieren Sie sich nur auf Ihre Stärken.

> Ein selbstbewusster Mensch zeigt sich wie er ist. Er ist offen und kontaktbereit gegenüber anderen. Er verändert sein Leben aktiv und strebt nach seinen Zielen. In jeder Situation hat er Selbstachtung, auch wenn er verloren hat. Vernachlässigen Sie Ihre Schwächen und konzentrieren Sie sich auf Ihre Stärken.

Selbstvertrauen aufbauen

Wenn Sie Ihre Stärken genau kennen, können Sie auf diesem festen Fundament ein unerschütterliches Selbstvertrauen aufbauen. Die eine oder andere Schwäche kann Ihnen dann nichts anhaben. Bei der Bewältigung Ihrer Aufgaben bringen Sie bewusst Ihre Stärken zum Einsatz statt auf dem Weg zu Ihrem Ziel, Umwege über Ihre schwächer ausgebildeten Fähigkeiten zu gehen.

Gewöhnlich nehmen wir unsere Stärken nicht sehr deutlich wahr. Gerade das, was wir gut können, erscheint uns oft selbstverständlich. Wenn Sie zum Beispiel ein sehr guter Zuhörer sind, wird Ihnen das kaum bewusst sein. Allenfalls fällt Ihnen gelegentlich auf, dass eine andere Person nicht gut zuhören kann.

Wenn Sie enorme Ausdauer auszeichnet, werden Sie das kaum bemerken, weil dies Ihr natürlicher Arbeitsstil ist. Dagegen melden sich häufig schon kleine Schwächen innerlich zu Wort, so dass sich zum Beispiel Lampenfieber bei Ihnen breit macht und Sie nicht mehr klar denken können. Wenn Sie dagegen mit scharfem analytischem Verstand ein Problem gelöst haben, spüren Sie innerlich oft gar nichts, weil Sie das für normal halten. Sie freuen sich höchstens darüber, dass die Sache einen guten Ausgang genommen hat, sind sich aber kaum bewusst, welche Ihrer Fähigkeiten dazu beigetragen hat. Damit Sie in Zukunft Ihre versteckten Stärken besser erkennen, ist meine Empfehlung, gehen Sie in vier Schritten vor:

Erster Schritt: Schreiben Sie Ihre Stärken auf
Nehmen Sie sich Ihr Selbstbuch und erstellen Sie eine lange Liste Ihrer Stärken. Mein Erfahrungswert ist der, dass es mindestens 30 sein sollen, eher noch mehr. Eventuell wundern Sie sich darüber, aber erlauben Sie sich auch vermeintliche Kleinigkeiten und private Fähigkeiten wie „Ich kann mir Zahlen gut merken" oder „Ich kann gut dekorieren" zu notieren. Orientieren Sie sich dabei an den folgenden Fragen:

- Was können Sie gut? Was sind Ihre Fähigkeiten?
- Worin kennen Sie sich gut aus? (Fachliche Kompetenzen, Hobbys?)
- Was fällt Ihnen bei beruflichen Aufgaben leicht und warum?
- Was fällt Ihnen im Umgang mit Kollegen, mit Kunden, mit dem Partner, den Kindern, den Freunden leicht? Was können Sie in bezug auf andere besonders gut?
- Erinnern Sie sich an Ihre Erfolge: Warum hatten Sie Erfolg?
- Was mögen und was schätzen andere Personen besonders an Ihnen?

Beispiel für eine Stärken-Liste:
- ich kann gut organisieren
- ich bin flexibel
- ich kann gut im Team arbeiten
- ich bin eine ausdauernde Tennisspielerin
- ich kann mich gut konzentrieren
- ich kann strukturiert denken
- es fällt mir leicht etwas zu erklären
- ich kann gut zuhören
- ich kann auch mal ins kalte Wasser springen
- ich bin geduldig

Zweiter Schritt: Gewichten Sie Ihre Stärken
Bedenken Sie noch einmal jede auf Ihrer Stärkenliste im ersten Schritt aufgeführte Fähigkeit. Markieren Sie hier fünf Stärken, von denen Sie denken, sie seien bei Ihnen besonders ausgeprägt.

Dritter Schritt: Holen Sie Fremdeinschätzungen ein
Bitten Sie etwa drei Personen Ihres Vertrauens um ihre Mithilfe, möglichst je eine aus dem familiären, aus dem beruflichen und aus dem Frei-zeit-Bereich. Wenden Sie sich nur an die, Ihnen sicher wohlgesonnenen Personen.

- Geben Sie jeder Person eine Kopie Ihrer persönliche Stärken-Liste.
- Bitten Sie die Person, spontan anzukreuzen, welche der aufgeführten Fähigkeiten auf Sie zutreffen.
- Bitten Sie die Person abschließend, jeweils die fünf Fähigkeiten zu markieren, die Sie besonders auszeichnen.

Sie werden erstaunt sein, welche Stärken andere an Ihnen wahrnehmen. Gleichen Sie Ihre Stärkenliste und die Listen, die Ihre Fremdeinschätzer ausgefüllt haben miteinander ab. Ergänzen Sie Ihre Liste um die neuen Stärken, die Sie durch die Fremdeinschätzung erfahren haben.

Setzen Sie auf Ihre Stärken

Sie haben nun all Ihre besonders ausgeprägten Stärken erkannt. Nutzen Sie das Wissen um Ihre Stärken:

- Wenn Sie eine Aufgabe, Situation oder ein Auftritt verunsichert, konzentrieren Sie sich – statt auf scheinbares Unvermögen – auf

Ihre Stärken. Diese werden eine vielleicht schwach ausgeprägte Fähigkeit mit Sicherheit ausgleichen. Vertrauen Sie darauf.

- Überprüfen Sie immer wieder Ihre beruflichen und privaten Tätigkeiten: Kommen wirklich alle Ihre Stärken bestmöglichst zum Einsatz? Oder liegt eine Stärke brach? Falls ja, verlagern oder ergänzen Sie Ihr Aufgabengebiet.

Schaffen Sie sich Klarheit über Ihre Stärken. Erstellen Sie eine Liste und sprechen Sie sie mit wohlgesonnenen Menschen durch. So stärken Sie Ihr Selbstvertrauen und gewinnen Sicherheit bei Ihrer persönlichen Ausrichtung auf kurz- und langfristige Aufgaben und Ziele.

7.5 Tipps für den Umgang mit Kritik und mit Angriffen

Im Beruf und oft auch privat gibt es immer wieder Situationen, in denen wir sowohl Kritik einstecken als auch äußern müssen. Das bereitet vielen Menschen Schwierigkeiten. Die folgenden Richtlinien sollen helfen, besser mit Kritik umzugehen. Beherzigen Sie vor allem die fünf Grundsätze:

Fünf Grundsätze für den Umgang mit Kritik
- Bleiben Sie ruhig.
- Bleiben Sie positiv.
- Seien Sie objektiv.
- Treffen Sie kurze, deutliche Feststellungen.
- Seien Sie konstruktiv.

Schon schwieriger wird es, wenn Sie spüren, dass der andere keine Kritik an Ihnen ausspricht, sondern es sich um einen persönlichen, gegen Sie gerichteten Angriff handelt. Die einzige produktive Möglichkeit, mit persönlichen Angriffen umzugehen, ist Selbstbehauptung. Verhalten Sie sich aggressiv, könnte sich die Situation weiter verschlechtern.

Fordern Sie Ihren Gegenüber auf, bei seinen Äußerungen nicht persönlich zu werden. Natürlich haben andere das Recht, Sie konstruktiv zu kritisieren. Sie müssen sich aber nicht demütigen oder vor Dritten kritisieren lassen. Wenn Sie wütend oder ärgerlich werden oder Angst bekommen, hören Sie wahrscheinlich auch nicht mehr gut zu. Dann besteht die Gefahr, dass Sie unangemessen reagieren.

Verdeutlichen Sie sich, was über Ihr Verhalten oder Ihre Leistung gesagt wurde. Falls die Kritik verschwommen oder mehrdeutig ist, sollten Sie den anderen auffordern, sie zu präzisieren und auch durch konkrete Beispiele zu belegen.

Wenn Sie selbst kritisieren, dann richten Sie Ihre Kritik auf das Verhalten, das Sie als schwierig empfinden und nicht auf die Person. Der Grund kann sein, dass sich das Verhalten negativ auf Ihr eigenes Verhalten, Ihre Leistung oder Ihr Befinden auswirkt. Auch Sie sollten sich bemühen, die Persönlichkeit oder die Einstellung des anderen außen vor zu lassen.

In beiden Fällen, ob Sie kritisiert werden oder ob Sie andere kritisieren, gilt: bevor Sie reagieren, nehmen Sie ein paar tiefe Atemzüge und entspannen Sie sich.

> Bei Kritik Grundsätze beachten: Entspannen Sie durch tiefe Atemzüge. Bleiben Sie ruhig, positiv, objektiv und konstruktiv. Reagieren Sie mit Besonnenheit.

7.6 Quellen für das Selbstbild

Das Selbstbild ist die Gesamtheit der Meinungen, die Menschen über sich haben. Dazu gehört die Einstellung sich selbst gegenüber, die Art und Weise, wie Sie sich sehen und anderen gegenüber beschreiben.

Sie können davon ausgehen, dass jeder nicht nur Theorien über die Welt aufgebaut hat. Im Laufe der Jahre entwickeln Menschen ein genaues Bild über sich selbst. Sie wissen, welche Eigenschaften, Fähigkeiten und Fertigkeiten sie sich zuschreiben, welche Neigungen sie haben, wie sie aussehen. Das Selbstbild unterscheidet zwischen:

- beruflich
- privat
- sozial

Das Selbstbild wird von drei Richtungen gespeist. Wir erhalten Informationen durch: Nachdenken, Beobachten und Feedback .

Der Weg geht von den ersten noch undifferenzierten „Aha-Erlebnissen" eines Kleinkindes beim Blick in den Spiegel bis zu einem ausgereiften und reflektierten Bewusstsein.

Das Selbstbild kann man sich als eine Art Brille vorstellen, durch die Menschen sich selbst sehen. Da die Brille sehr vertraut ist, will man sie nicht ablegen. Genau mit der eigenen Sehstärke möchte jeder auch von seinen Mitmenschen gesehen werden. Wenn das eigene Selbstbild nicht mehr im Einklang mit der Realität steht, kann ein ernüchternder Realitätsschock entstehen. Vorhaltungen oder Vorwürfe anderer lassen den Verdacht aufkommen, einer Selbsttäuschung erlegen zu sein. Möglicherweise haben Sie bei der Stärkenbearbeitung einen positiven Schock bekommen und erkannt, wie gut Sie sind.

Selbstbild korrigieren
Wenn Sie beginnen, Ihr Selbstbild mithilfe anderer Menschen zu verändern, werden Sie schnell feststellen, dass Sie sich nicht von jedem korrigieren lassen wollen. Jemand, den Sie nicht mögen, kann sagen, was er will, er berührt sie nicht und seine Hinweise lassen Sie gleichgültig.

Nachdenklich machen Sie vermutlich Äußerungen von Menschen, die Ihnen nahe stehen, deren Kompetenz Sie schätzen und die Sie besonders mögen. Diese haben einen Einfluss auf Ihre Weiterentwicklung, können Sie an die Hand nehmen. Vielleicht stellen Sie mit ihrer Hilfe fest, dass Ihr Selbstwertgefühl nicht in dem Maße entwickelt ist, wie Sie es sich wünschen würden. Was können Sie im Zusammenhang mit dem Selbstbild tun, um Ihre Selbstwertprobleme zu lösen?

7.7 Echtsein ist die Devise

Sobald Sie sich Ihres Selbstbildes bewusst sind, sich bezüglich Ihrer Werte emanzipiert haben und fortlaufend an Ihrer Selbstverwirklichung arbeiten, dann werden Sie als Mensch greifbar, ein guter Begriff dafür ist auch die Beschreibung „authentisch".

Das heißt, Sie sind genau der, den Sie nach außen darstellen. Was wiederum nicht bedeutet, für jeden wie ein offenes Buch zu sein. Stattdessen heißt es vielmehr, damit aufzuhören, anderen etwas vorzuspielen: Was Sie nach außen zeigen, entspricht genau dem, was sich in Ihnen innerlich abspielt. Das hilft enorm, die Scheu oder Aufgeregtheit im Umgang mit anderen oder bei Präsentationen abzulegen.

Authentizität ist sowohl der Ausdruck seelischer Gesundheit als auch ihre Bedingung. Gelingt es Ihnen, echt sein zu können, müssen Sie keine

Energie für Versteckspiele und Profilierungen aufwenden. Gefühle müssen nicht unterdrückt werden. Das Urteil anderer Menschen ist immer nur relativ. Denn Sie wissen: Als erwachsenen Menschen trifft Sie die Ablehnung anderer noch immer, sie berührt Sie aber nicht mehr so existenziell wie es in der Kindheit der Fall war. Zwar ist es schön, von allen gemocht zu werden und nie Fehler zu machen – aber lebensnotwendig ist es nicht.

Wertschätzung
Wir Menschen sind süchtig danach, gelobt zu werden, „Streicheleinheiten" zu bekommen. Das Selbstwertgefühl wird von zwei Säulen getragen: von der Wertschätzung unserer Person und von der Wertschätzung unserer Leistung.

Im Laufe der beruflichen Tätigkeit sammelt man üblicherweise nach und nach Informationen darüber, wie das eigene Verhalten auf andere wirkt. Manchmal ist der Blick allerdings verschleiert und andere wissen hier mehr über uns als wir selbst. Jeder tut gut daran, sich von anderen das wertvolle Feedback zu holen und sich bewusst zu machen, denn dann stolpert man weniger über den eigenen blinden Fleck. Sie können dann eher abschätzen, welche Anteile des eigenen Verhaltens förderlich bzw. weniger förderlich für Sie im Berufsleben sind.

Die meisten Menschen sind erstaunt, erschrocken oder auch erfreut, wenn sie sich zum ersten Mal in einer Videoaufnahme sehen. Sie finden sich mürrisch, steif, eckig, manchmal auch überraschend „fotogen". Zwar verhalten wir uns in Situationen, in denen wir uns beobachtet fühlen, oft anders als sonst, trotzdem vermittelt sich immer die ganze Person.

Beispiel:
Schließen Sie bitte einen Moment die Augen und stellen sich die folgende Situation vor: Sie haben sich in einer Besprechung gemeldet, sind auch der Meinung, dass Sie vernünftig geredet, Ihre Argumente klug begründet und rhetorisch ansprechend formuliert haben. Sie setzen sich zurück und beobachten , dass einige Kollegen hinter vorgehaltener Hand lachen, Sie nehmen an, über Ihren Beitrag.

Wie wäre Ihnen zumute? Wären Sie verärgert, irritiert, frustriert oder würde Sie die Reaktion eher belustigen? Würden Sie sich schämen, aggressiv aufbrausen, oder wäre Ihnen das Verhalten der Kollegen sogar gleichgültig? Würden Sie sich erneut zu Wort melden, um den möglicherweise negativen Eindruck zu korrigieren?

Denken Sie einmal anhand der folgenden Fragen darüber nach, wie Sie nonverbal wirken und wie ausgeprägt Ihre Signale sind. Holen Sie sich auch ein Feedback, wie Sie von Bekannten gesehen werden. Dies schreiben Sie wieder in Ihr Selbstbuch.

Übung Fragen fürs Selbstbuch
- Wie sehe ich mich selbst (Selbstbild)? Wie wirke ich wohl auf andere Menschen?
- Wie werde ich von anderen gesehen (Fremdbild)? Was sagen sie über mich?
- Gibt es Unterschiede zwischen meinem Selbstbild und dem Fremdbild, das andere von mir haben?

Vergleichen Sie Ihre Vorstellungen von sich selbst mit dem, was andere Menschen über Sie sagen? Was möchten Sie daran verändern? Was möchten Sie stärker leben – nötigenfalls auch wenn Sie dadurch Beziehungsverluste haben werden?

Alle Erkenntnisse über Ihr Selbst- und Fremdbild unterstützen Sie dabei, ruhiger und gelassener aufzutreten. Sein Selbst verbergen kann ohnehin niemand. Verstecken macht keinen Sinn und kostet nur Energie, die Sie woanders besser verwenden können. Seien Sie echt.

8 In Stresssituationen Wege zu mehr Gelassenheit finden

Stress kann nicht nur körperlich, sondern auch seelisch krank machen. Stressbewältigungsformen hängen nicht vom Charakter eines Menschen ab, sondern sind Formen des Verhaltens, des Denkens, Fühlens und Reagierens. Stress ist die unspezifische Reaktion des Körpers auf jede Anforderung, die an ihn gestellt wird. Mit Kampf oder Flucht zu reagieren ist in unseren modernen Zeit psychisch schädlich, denn unsere Selbstachtung sinkt, wenn es uns nicht gelingt, Meister der Situation zu bleiben. Eine solche Alarmreaktion ist jedoch die normale physiologische Folge auf Situationen, die zu Stress führen. Wenn wir dies leugnen, können Frustration und stressbedingte psychosomatische Störungen auftreten.

Nicht nur eine Präsentation, auch eine andere Situation, kann uns Stress bereiten. Lampenfieber zum Beispiel entsteht im Hypothalamus. Die Steuerzentrale im Gehirn löst eine Sympathikusreaktion aus, was zur Folge hat, dass die Nebennierenrinde (Nor)Adrenalin produziert. Das Resultat kann das Lampenfieber sein. Optimal ist hier eine gesunde Balance, also soviel wie nötig aber ohne den Kommunikationsprozess einzuschränken. Auch vielfältige Alltagssituationen, drohende Konflikte oder einfach Arbeitsüberlastung bringen uns durch ihre übersteigerten Anforderungen in eine unangenehme Lage. Man unterscheidet grob in positiven (Eustress) und in negativen Stress (Disstress). Beim Eustress wird ein Ereignis als ungefährlich, motivierend und herausfordernd erlebt und der Betreffende hat ausreichend Ressourcen zur Bewältigung zur Verfügung. Dagegen empfindet man beim Distress ein Ereignis als unangenehm, bedrohlich, überfordernd und folgerichtig werden die eigenen Ressourcen als nicht ausreichend erlebt.

In einschlägigen Untersuchungen werden drei Eigenschaften herausgestellt, die Menschen zu mehr Widerstandskraft aktivieren und gegen Stress immun machen:

- Selbstkontrolle
- Engagement
- Sinn für Herausforderungen

Selbstkontrolle und Selbstvertrauen vermitteln das Gefühl, dem Leben und damit dem Zeitdruck, der unsere heutige Zeit kennzeichnet, gewachsen zu sein. Engagement geht mit Selbstbestätigung einher, weshalb engagierte Menschen Herausforderungen als selbstverständlich zum Leben gehörend betrachten. Neuen Situationen begegnen sie relativ unvoreingenommen und positiv. Absolute Ehrlichkeit sich selbst und dem eigenen Kräftepotential gegenüber ist die beste Methode, um stressresistent zu werden.

Menschen, die so in sich ruhen, verfügen über ein hohes Maß an Integrität und innerer Kohärenz, was die Welt und ihre Rolle darin angeht. Natürlich sind sie stressresistenter. Sie fühlen sich den Anforderungen des Lebens gewachsen und erfahren all diese Anforderungen sogar als eine Bereicherung.

Manchmal lässt sich Stress nicht vermeiden. Dann ist es wichtig, die Reaktion des Körpers gering zu halten, was bedeutet, sensibler für das Geschehen im Körper zu werden.

> Stress gehört zum Leben. Die Betrachtungsweise macht den Unterschied. Besser kommen Sie durch, wenn sie mit Selbstkontrolle, Engagement und Sinn für Herausforderungen drangehen. Fühlen Sie in Ihren Körper hinein und beachten Sie Veränderungen, wenn sich parallel in Ihrem Leben etwas verändert.

Gelassener durchs Leben kommen

Wer eine kritische Situation gleich zu Beginn gedanklich „entschärfen" kann, vermeidet die heftige und langfristig schädliche Stressreaktion. Zusätzlich zur eigentlichen Stressquelle beschäftigen einen dann also negative Gedanken. Durch Stressmanagement können Sie wieder Kontrolle über sie gelangen. Dadurch erhöhen Sie Ihr Gefühl für die eigene Wirksamkeit. Schon ein altes chinesisches Sprichwort kommt zu dieser Erkenntnis:

„Du kannst nicht verhindern, dass die Vögel der Besorgnis über deinen Kopf fliegen. Aber du kannst verhindern, dass sie sich in deinem Kopf ein Nest bauen."

Aber nicht nur aktuelle Gedanken und Befürchtungen verschärfen Stresssituationen. Häufig lassen wir uns auch durch die *Glaubenssätze* leiten, die nicht hilfreich bei der Bewältigung des Alltags sind. Doch von ihnen hängt es ab, wie wir Situationen bewerten. Sicherlich haben Sie sich schon Gedanken darüber gemacht, welches Ihre vorherrschenden Glaubenssätze sind. Vielleicht ist es Ihnen sogar schon gelungen, die negativen durch positive zu ersetzen.

In Ihrer Kindheit entstanden Antreibersätze. Sehr früh haben Sie gelernt, was Erwachsene von Ihnen erwarten, und wie Sie die Anerkennung bekommen, die wir alle dringend brauchen. Jemand, der glaubt, er müsse alles perfekt erledigen hat möglicherweise die elterliche Botschaft verinnerlicht, „Wir akzeptieren dich nur, wenn du mit der Note eins nach Hause kommst." Wenn sich solche Sätze verfestigen, dann entwickeln Menschen Verhaltensweisen, die sich wie ein roter Faden durch Ihr Leben ziehen ohne dass sie sich dessen bewusst wären. Denn die meisten Menschen kennen ihre Antreiber nicht. Ihnen sind sie nun bekannt, weil Sie den Test gemacht haben.

Nun möchte ich Ihnen eine Frage stellen: Fühlen Sie sich häufig angespannt, überfordert, gestresst und ausgelaugt? Das können Anzeichen für „Antreibersätze am Werk" sein. Die setzen Sie zusätzlich unter Druck und erschweren Ihnen mit stressfördernden Maßregeln das Leben. Setzen Sie hier am besten das Navigationssystem Ihrer Erlauber ein. Dann werden Sie schnell merken, wie sich dadurch Ihre innerlichen Stressgefühle verringern.

> Entschärfen Sie Stresssituationen, indem Sie bewusst Ihre Antreiber abschwächen. Aktivieren Sie Ihre „Erlauber", um dies zu bewirken.

Betreiben Sie aktive Stressbewältigung:
- Finden Sie zu einer gesunden Ernährung
- Treiben Sie Sport
- Denken Sie positiv! Sagen Sie sich „ich schaffe es!"
- Programmieren Sie sich positiv
- Benutzen Sie das Navigationssystem Ihrer Erlauber
- Entspannen Sie sich - machen Sie gezielt Entspannungsübungen, Joga, Autogenes Training
- Setzen Sie sich **„Akkurat"** realistische Ziele

8.1 Tipps bei Überaktivierung und Unteraktivierung

In Stresssituationen haben Sie eher selten die Gelegenheit zu einer Pause, alles droht über Ihnen zusammenzubrechen. Achten Sie darauf, dass sich die Situation nicht weiter hochschaukelt und Ihnen aus der Hand gleitet.

Überaktivierung

- Stehen Sie auf, gehen Sie im Raum umher, ein paar Treppen auf und ab oder eine Runde um den Block.
- Atmen Sie ein paar mal tief durch und betonen Sie das Ausatmen. Lassen Sie den Atem langsam ausströmen. Beobachten Sie, wie alle Spannung aus Ihnen weicht.
- Trinken Sie ein Glas Wasser in großen Schlucken, statt jemanden vor lauter Erregung laut anzufahren. Beim Trinken wird der Teil des vegetativen Nervensystems beansprucht, der Schlucken, Verdauung und Regeneration steuert. Die Antriebskraft des Sympathikus wird dadurch geschwächt und die Spannung sinkt. Außerdem können Sie nur zügig trinken, wenn Sie sich konzentrieren. Dadurch legt sich die gedankliche Aufruhr.
- Sprechen Sie sich aus. Denn es entlastet, angestauten Ärger zu formulieren. Der Ärger wird Ihnen noch einmal bewusst, doch danach löst sich die Spannung. Dabei geht es nicht um Diskussionen mit dem Zuhörer, vielmehr braucht der Stress zunächst nur ein Ventil. Eine ähnliche Funktion erfüllt das Vor-sich-hin-Schimpfen, wenn Sie allein Auto fahren. Aufschreiben entlastet ebenfalls.
- Sobald Sie sich aufregen, sagen Sie zu sich selbst in festem Ton „Stopp! " Dabei lassen Sie die Schultern sinken und die Verspannungen aus der Gesichtsmuskulatur weichen. Diese innere „Notbremse" funktioniert, wenn Sie das ein paar mal wiederholen. Sie müssen sich dabei allerdings kurz auf sich selbst konzentrieren, damit sich die Spannung löst.
- Überlegen Sie sich, warum Sie sich gerade ärgern oder aufregen. Wenn Sie sich fragen: „Was wollte ich eigentlich erreichen?", begeben Sie sich in eine positive Richtung ohne Ihre Erregung weiter hoch zu schaukeln. Das Nachdenken unterbricht die Stressreaktion. Dadurch gelingt es Ihnen auch, immer wiederkehrende Ärgernisse zu identifizieren.

- Versuchen Sie, die Stressenergie umzulenken. Sie können den Schwung des Augenblicks für Dinge nutzen, die energisches Handeln erfordern.

Wer sich in einer Stresssituation erschöpft, ausgelaugt und müde fühlt und andererseits durchhalten muss, sollte sich dagegen folgendermaßen verhalten:

Unteraktivierung

- Bewegung, gerade bei Müdigkeit. Der Kreislauf wird angeregt, weil die körperliche Aktivität dem Gehirn signalisiert, da kommt etwas in Gang. Sie werden wieder munter. Durch Verbesserung der Sauerstoffversorgung des Gehirns können Sie sich neu konzentrieren.
- Ein kurzer Spaziergang im Freien wirkt zusätzlich stimulierend, weil das Tageslicht die Bildung des „Müdemachers" Melatonin im Gehirn unterdrückt.
- Kältereize haben eine aufmunternde Wirkung. Nehmen Sie ein kurzes kaltes Unterarmbad im Waschbecken oder trinken ein kaltes Getränk. Sich das Gesicht kalt zu waschen ist ebenso erfrischend.
- Atmen Sie kräftig ein. Durch ausreichende Sauerstoffversorgung aktivieren Sie Geist und Körper.
- Setzen Sie sich gerade und aufrecht hin oder gehen Sie in aufrechter Haltung. Dabei werden viele Muskelgruppen aktiviert.
- Wenn Sie nicht herumlaufen können, machen Sie im Sitzen Beingymnastik: Strecken Sie dabei die Beine waagerecht aus und kreisen Sie unter leichter Spannung mit den Füßen in der Luft. Die Muskeln der Wade und des Schienbeins arbeiten dabei als „Muskelpumpe" und pressen das in den Beinen versackte Blut zurück in den Kreislauf. So wird die Durchblutung aktiviert.
- Kaffee oder Tee kann bei Ermüdung Wunder wirken - aber maßvoll anwenden, denn ab ca. sechs Tassen pro Tag wirkt er stressverstärkend.
- Freuen Sie sich bei starker Ermüdung auf anregende Dinge, die Sie in der Erholungspause vorhaben.

Bei Überaktivierung bewegen Sie sich, achten auf Ihren Atem, trinken Wasser, sprechen mit jemandem darüber. Entspannen Sie ganz bewusst und überlegen Sie, was Ihre Ziele sind. Bei Unteraktivierung und Erschöpfung bewegen Sie sich ebenfalls, am besten im Freien, machen ein Unterarmbad, trinken etwas Kaltes, aktivieren sich durch bewusste Atmung, während Sie sich aufrichten. Beingymnastik entlastet. Trinken Sie Kaffee und Tee in Maßen. Freuen Sie sich auf die Erholungspause.

8.2 Positive Wahrnehmung

Die Wahrnehmung der Welt, die Art und Weise, wie Menschen die Dinge und sich selbst erfassen und erklären, ist von ihren Denkmustern geprägt. Diese bestimmen alle Entscheidungen, sogar das Selbstvertrauen hängt von ihnen ab. Sie bilden die Basis des Lebensgefühls. Eine wichtige Technik der Stressbewältigung ist der Abbau negativer und der Aufbau positiver Denkstrukturen durch die Veränderung der kognitiven Bewertung von Stresssituationen. Man sollte dem Leben stets das Beste abgewinnen und die Freude nicht abhanden kommen lassen, denn Freude ist ein wesentlicher Schutzfaktor für die Gesundheit und eine wirkungsvolle Stressprophylaxe. Es ist relativ einfach, hier eine Veränderung zu veranlassen. Um es einmal grundsätzlich auszudrücken:

Ein optimistischer Mensch stellt Positives in den Vordergrund. Deshalb wirkt er auch in der Außenwahrnehmung fröhlicher. Interessanterweise strahlt er neben der positiven Wirkung auch Gesundheit aus. In der Regel ist er ein aktiver Mensch.

Ein pessimistischer Mensch stellt Negatives in den Vordergrund. Er kann sich nicht so leicht freuen, weil er seine Umgebung sehr kritisch betrachtet. Seine Ausstrahlung ist eher negativ. In der Regel ist er überwiegend passiv und wirkt nicht so sehr auf die Veränderung seiner Umgebung hin, erduldet mehr, auch indem er sich auf die *„selbst erfüllende Prophezeiung"* im negativen Sinn bezieht. Der gestresste, unglückliche Gefühlszustand blockiert den Gedankenfluss. Legen Sie negative Behauptungen ab wie zum Beispiel „Das schaffe ich nie" oder „Das interessiert mich nicht."

Wenn Sie beginnen, mehr in die positive Richtung zu denken, werden Sie unverkrampfter wirken. Erstaunlicherweise erhöht diese Denkweise die

Leistungsfähigkeit. Sie erhält die Gesundheit und macht stressresistenter. Ihr Handeln richtet sich auf positivere Kanäle, weil Sie ein glücklicheres Grundgefühl besitzen. Ihre Wahrnehmung verändert sich und dadurch verursacht, erleben Sie angenehmere Emotionen.

Inzwischen kann dies sogar am Gehirn gemessen werden. Das Gehirn zeigt eine positiv veränderte Aktivität und mehr kreative Gedanken zeigt. Denn ein kreativ arbeitendes Gehirn entwickelt mehr Ideen, Lösungen und Geistesblitze. Das freie Kindheits-Ich kann auftrumpfen und über die so erzeugte Energie haben Sie mehr gute Einfälle und trauen sich eher zu, kurzum, das Brett vorm Kopf verschwindet schneller.

Ohne Hast
Sie können selbst noch einiges dazu tun, indem Sie ohne Hast den Tag ausgeschlafen und positiv beginnen. Beginnen Sie nie etwas mit einem Unlustgefühl. Haben Sie keine Angst vor dem Anfang. Setzen Sie sich für jeden Tag kleine und realistische Ziele mit den AKKURAT-Kriterien.

Gesundes Frühstück
Gewöhnen Sie sich an, morgens den ersten Tagesordnungspunkt auf das gesunde Frühstück zu setzen, damit starten Sie gut präpariert in den Tag. Konzentrieren sich nicht auf das, was stört oder Ärger bereiten könnte. Hören Sie auf, über Unangenehmes zu grübeln. Stattdessen stellen Sie Positives in den Vordergrund. Gewöhnen Sie sich übergangsweise die Denkweise an: „Jedes Ding hat zwei Seiten." Dabei können Sie sich im Weisheitsdenken üben: Wer weiß, wozu es gut ist? Um ein Beispiel zu geben, wie Sie Ihre Sichtweise verändern können, möchte ich Ihnen die uralte Taogeschichte des chinesischen Bauern erzählen.

Die Klugheit des chinesischen Bauern
Ein chinesischer Bauer lebt mit seiner Frau und seinem einzigen Sohn in einer armen Dorfgemeinschaft. Ihr größter Schatz ist ein Pferd. Eines Tages ist das Pferd verschwunden. Die Nachbarn bedauern den armen Mann wegen seines Verlustes. Doch der lächelt nur und sagt: „Wir werden sehen." Wenige Monate später steht der verloren geglaubte Hengst plötzlich morgens auf der Wiese, eine Herde wilder Stuten um sich geschart. „Was für ein Glück du hast!" jubeln die Nachbarn. Der Bauer lächelt wieder und sagt: „Wir werden sehen." Als sein Sohn eines der wilden Pferde zureiten will, scheut es, so dass er heruntergeschleudert wird und sich ein Bein bricht. „So ein Unglück", klagen die Nachbarn.

Der Bauer sagt nur: „Wir werden sehen." Kurz darauf kommen Soldaten ins Dorf. An den Grenzen des Landes ist Krieg ausgebrochen, und sie rekrutieren alle wehrfähigen jungen Männer. Den jungen Mann mit seinem gebrochenen Bein lassen sie als untauglich zurück.

Die Geschichte zeigt, dass auch negative Erfahrungen später etwas Positives bewirken können. Nehmen Sie sich doch einfach den Bauern als ein Vorbild für eine andere Betrachtungsweise oder Einstellung.

Care-Momente
Vergegenwärtigen Sie sich den Nutzen Ihrer Arbeit. Üben Sie immer mal wieder positive Formeln: „Es geht mir gut", „Ich kann meine Arbeit schaffen", „Ich kann meine Probleme bewältigen". Fügen Sie während des Tages Care-Momente ein: „care" = Sorge, Sorgfalt, Pflege, Achtsamkeit, die Sie sich selbst verordnen. Sehen Sie ganz bewusst, welche Farben sich in Ihrer Umgebung befinden. Hören Sie bewusst auf die Melodie, die gerade im Radio läuft. Fühlen Sie in sich hinein und gönnen Sie sich immer mal wieder eine Entspannung. Schalten Sie Ihre Nase auf Empfang und riechen, welche Düfte es gibt. Notfalls nehmen Sie sich ein gutes Parfüm mit, dessen Geruch Ihnen behagt. Wenn Sie essen, dann schmecken Sie jede einzelne Geschmacksrichtung und stopfen nicht nur einfach eine Mahlzeit in sich hinein, um den Hunger zu stillen.

Belohnung
Mit der verbesserten Wahrnehmung wird es Ihnen gelingen, ganz schnell Wohlfühlelemente zu empfinden und Ihr Stresslevel wird sich im Nu reduzieren. Belohnen Sie sich nach dem Erreichen der Ziele. Belohnung ist ein ganz starker Motivator.

Wenn Ihre Vorstellungskraft positiv eingestellt ist, dann wird sich Ihre Ausstrahlung ebenfalls positiv umorganisieren. Denn hier geht es um die Erhaltung des wichtigsten Kapitals – und das sind Sie selbst.

Autosuggestive Gedanken
Weiterhelfen können autosuggestive Gedanken. Zum Beispiel:

- Mir ist bewusst, dass ich jetzt zwar ein bedeutsames, aber nicht allein entscheidendes Gespräch führe oder eine Präsentation halte.
- Ich kann meinen Stress verringern. Ich darf meinen Körper mitsprechen lassen.

Dann können Sie Ihre geistige Energie auf den Inhalt der Präsentation ausrichten. Das soll nicht heißen, dass der Stil über dem Inhalt steht. Aber es ist entscheidend, möglichst vielen der Gesprächspartner wichtige Informationen zu vermitteln und dabei ihr Interesse wach zu halten sowie sich ihren Respekt zu wahren.

8.3 Aktivieren Sie Ihre Stärkehaltung

Authentizität, Überzeugungskraft und eine gute Ausstrahlung kommt von innen. Deshalb achten Sie auf ihre Gedanken. Ihr Körper plaudert sie einfach aus Ihnen heraus, ohne dass sie das möchten.

Ich möchte Sie in die Lage versetzen, das sagen zu können, was Sie wirklich sagen wollen. Hier spielt natürlich auch die Rhetorik eine Rolle. Sie sollen durch Ihr rhetorisches Können mehr Zuversicht, mehr Mut zum Risiko erwerben - gleichzeitig wird Ihr Selbstvertrauen wachsen. „Wer nicht wagt, der nicht gewinnt", heißt das Motto.

Interessant hierbei ist folgender Gedanke:

Die Furcht vor dem Reden erwächst eigentlich nicht aus der Redesituation selbst, sondern allein aus den Gedanken, die Sie sich selbst darüber machen.

Wie wir schon gehört haben, ist die gründliche Vorbereitung bei einer Präsentation oder Rede vor Publikum eine hinreichende Bedingung für den Erfolg. Denken Sie zusätzlich an den Spruch: „Wie man in den Wald hineinruft, so schallt es heraus". Freundlichkeit Ihrerseits kommt wie ein Bumerang zurück. All dies wirkt überzeugend.

Frühere selbstbewusste, positive Erfahrungen in schwierigen Situationen kann man für sich nutzbar machen. Dazu brauchen Sie einen gut funktionierenden Zugangsweg zu Ihrer persönlichen Stärke und Zuversicht. Diesen Zugang können Sie erlernen.

Die nachfolgende Übung hilft, zum „Schatz" selbstsicherer Erfahrungen zurückzufinden. Sie entwickeln damit eine innere und äußerliche Haltung, in der Sie ein Maximum an Energie und Zuversicht empfinden. Damit gelingt es leichter, zum Beispiel Verhandlungen und Reden vor einem Publikum zu bewältigen und wenig Stressgefühle zu haben. Die Haltung kommt von innen, deshalb ist Ihre Körpersprache glaubwürdig und keine aufgesetzte oder einstudierte Maske. Ihre Stärkehaltung, das sind Sie in Ihrer Paraderolle.

Falls Sie sich den Begriff Stärke nur in Verbindung mit Verkrampfung und zusammengebissenen Zähnen vorstellen können, dann nehmen Sie dafür einfach ein Wort, das etwas ähnlich kraftvolles für Sie ausdrückt, wie etwa Energie, Zuversicht oder Mut. Taufen Sie Ihre Stärkehaltung um in „Zuversichtshaltung" oder in „Haltung der Kraft" oder was immer Ihnen besser gefällt.

Übung der Stärke

- Erinnern Sie sich bitte, dass Sie im Laufe Ihres Lebens schon viele schwierige Situationen erfolgreich bewältigt haben. Sie verfügen über einen Schatz an Stärke, Zuversicht und Mut. Wählen Sie daraus ein oder zwei Erlebnisse aus, bei denen Sie erfolgreich waren und über Selbstvertrauen verfügten. Vertiefen Sie sich vor Ihrem geistigen Auge einige Minuten in das Entstehen dieser Situationen, in der Sie Ihre Paraderolle einnehmen.

- Stellen Sie sich vor, dass Sie sich an diesen Schatz von Selbstsicherheit anschließen als sei er eine Energiequelle. Schöpfen Sie Kraft aus den Situationen, die Sie in Ihrer Vergangenheit kompetent und selbstsicher bewältigt haben. Nehmen Sie sich Zeit und lassen Sie Ihre innere Selbstsicherheit wachsen und dichter werden. Ihr ganzer Körper wird erfasst von einem Gefühl der inneren Stärke, Zuversicht und Energie.

- Gehen Sie dabei in eine Körperhaltung über (zuerst im Stehen, dann im Sitzen), die für Sie Stärke, Energie und Zuversicht ausdrückt. Während Sie ein Gefühl der Zuversicht und Stärke durch Ihren Körper strömen lassen, wird Ihre Haltung fast automatisch aufrechter. Vielleicht werden Sie innerlich ein Stückchen größer und Ihre Wirbelsäule richtet sich auf. Lassen Sie Ihre Schultern locker. Machen Sie sich zugleich breiter.

– Während Sie das Gefühl der Stärke und Selbstsicherheit größer werden lassen, versuchen Sie, sich dabei noch mehr zu entspannen. Bringen Sie Ihre Arme in eine bequeme Haltung und entspannen Sie Ihre Hände. Nehmen Sie auch die Spannung aus Ihrem Gesicht. Lassen Sie Ihren Mund und Kieferbereich locker werden, ebenso die Stirn- und Augenpartie. Sie stehen oder sitzen gerade und sind dabei zugleich beweglich und unverkrampft. Ihr Atem kann ungehindert ein- und ausströmen und Sie wirken äußerlich gefestigt ohne starr und verkrampft zu sein.

Wirken Sie körperlichen Stressreaktionen entgegen, indem Sie eine andere Haltung einnehmen. Üben Sie deshalb die Stärkehaltung ein: Erinnern Sie sich an erfolgreiche bewältigte Situationen. Spüren Sie diese im Körper, werden Sie automatisch aufrechter. Ruhen Sie völlig entspannt, zuversichtlich und voller Energie in Ihrem Körper.

8.4 Erlangen Sie Gelassenheit

Vielleicht haben Sie schon bemerkt, selbst in der ärgsten Krise steckt positives Potential. Ich selbst sage dazu: „Jedes Schlechte hat ein Gutes", man sagt auch „Jedes Problem trägt ein Geschenk in der Hand." Tatsächlich zeigt sich, wenn wir uns die Mühe machen, genau hinzuschauen, dass auch eine Krise uns die Gelegenheit gibt, Neues über uns und das Leben zu erfahren und daran zu wachsen.

Beispiel für „Jedes Schlechte hat ein Gutes"
Dem zuverlässigen Maschinenbauingenieur wird während einer Konsolidierungsphase seines Konzerns gekündigt. Nach dem Schreck über die Arbeitslosigkeit, die so gar nicht in seine momentane Lebensphase passte, wurde er schnell aktiv. Er zog Resümee und stellte fest, dass er schon seit einiger Zeit unzufrieden mit seiner Arbeit gewesen war. Nun resümierte er, dass es ihm mehr Spaß machen würde, wenn er mehr Abwechslung in seinem Berufsalltag hätte. Er überlegte sich, wie viel Freude ihm Kundenkontakte bereiteten. Schließlich kam er zu dem Schluss, sich

diesen Kick auch hauptberuflich zu verschaffen. Er wollte sich lieber in einem ganz anderen Bereich, nämlich im Vertrieb engagieren. Deshalb bewarb er sich nun konsequent mit dem Vertriebsschwerpunkt. Als er tatsächlich bald eine neue Arbeit als Vertriebsingenieur mit vielen Kontakten zum Kunden bekam, stellte er schnell fest, dass ihm dies viel besser gefiel. Die neue Arbeit war wesentlich befriedigender als seine alte. Über den Weg der Arbeitslosigkeit, einer Krise, war es ihm gelungen, regelrecht in eine bessere Zukunft zu springen.

Eine Studie ergab, glücklich sind keineswegs die Menschen, bei denen alles im Leben glatt gelaufen war, die reich, schön, gesund oder berühmt waren. Nein, glücklich waren vor allem diejenigen, die Krisen erfolgreich überstanden hatten. Sie waren daran gewachsen und hatten Lebenserfahrung gewonnen. Und sie waren stolz auf sich, auf ihren Mut und ihr Durchhaltevermögen.

Anstatt sich also über die Ungerechtigkeit und Heimtücke des Lebens zu beklagen, fragen Sie sich lieber: „Wofür ist es gut?" Es ist sicherlich schwierig, in schlimmen Situationen Gelassenheit zu erlangen, aber es ist machbar. Lassen Sie sich überraschen und Sie werden eine positive Seite entdecken.

Ich möchte Sie ermutigen, es auch einmal auf diese Weise mit Gelassenheit zu versuchen. Lassen Sie sich in Zukunft nicht mehr von scheinbar negativen Situationen überwältigen. Bleiben Sie gelassen, finden Sie das Gute heraus, das darin verborgen liegt. Finden Sie auch in schwierigen Situationen zu Ihrer Gelassenheit zurück. Üben Sie den Gedanken ein, sich in jeder Lage zu sagen: „Jedes Schlechte hat ein Gutes". Dadurch entdecken Sie schnell die positiven Effekte. Dazu möchte ich Ihnen eine weitere Geschichte erzählen. In „der weise Berater , einer orientalischen Anekdote, wird gezeigt, wie wir innere Harmonie auch dadurch erreichen können, indem wir uns die Endlichkeit aller Erscheinungen dieser Welt bewusst machen.

Der weise Berater
Ein mächtiger arabischer Herrscher rief seine Berater zusammen und befahl ihnen: „Schafft mir bis morgen früh etwas her, das meinen Seelenfrieden für immer sichert. Gelingt es euch, will ich euch reichlich belohnen, andernfalls werdet ihr sterben."

Die Weisen gerieten in Panik. Wie um Himmels willen sollten sie den Wunsch erfüllen? Lediglich einer von ihnen behielt die Ruhe. Er zog sich in seine Kammer zurück und verschloss die Türe. Nur gelegentlich drang ein leises Hämmern und Klopfen an das Ohr seiner ängstlich wartenden Gefährten.

Am nächsten Morgen wurden alle Weisen zum Kalifen gerufen. „Nun, habt ihr etwas gefunden, was mir für alle Zeiten innere Ruhe beschert?" fragte der Herrscher. Der Weise verneigte sich. „O ja, Herr", erwiderte er. „Dieser Ring wird Euch geben, was Ihr verlangt. So oft Ihr Euch in Verzweiflung befindet oder in Gefahr seid, durch eine Hochstimmung allzu übermütig zu werden, schaut auf diesen Reif, und Ihr werdet Euren Gleichmut zurückgewinnen." Damit überreichte er dem Kalifen den Ring. Der Herrscher nahm ihn entgegen und las beeindruckt die darin eingravierten Worte: „Alles geht vorüber".

Halten Sie sich diese Einstellung vor Augen, wenn Sie das nächste Mal eine Präsentation halten. Sie selbst werden am meisten davon profitieren, weil Sie sich insgesamt wohler fühlen werden. Wenn Ihre Vorstellungskraft positiv eingestellt ist, dann wird sich Ihre Ausstrahlung verändern. Jeder, der zu Ihnen kommt, wird das merken, denn von positiv eingestellten Menschen geht ein Leuchten aus, dem sich keiner entziehen kann. Sie selbst werden am meisten davon profitieren, da Sie sich insgesamt wohler fühlen werden. Nebenbei verleiht Ihnen die Bemühung um ein inneres Gleichgewicht und Gelassenheit einen verbesserten Auftritt. Es gilt die Gesetzmäßigkeit: Was Sie glauben, strahlen Sie aus. Man spürt auch ohne Worte, ob Sie das Leben lieben und mit seinen Schattenseiten Frieden geschlossen haben. Ist das der Fall, so wirken Sie auf Ihre Umwelt ausgesprochen anziehend.

Jeder Tag ist dann so, als hätten Sie ein erholsames Wochenende oder einem schönen Urlaub gerade hinter sich. Dann freuen Sie sich so richtig auf die Arbeit. Und was meinen Sie, wie toll Ihre Auftritte dann sein werden: Das ist doch lohnenswert, meinen Sie nicht auch?

Erfahren Sie den Nebeneffekt, mit Ihrer positiven Lebenshaltung auch sympathischer auf andere Menschen zu wirken. Unterstützen Sie andere und verbreiten Sie Hoffnung und Zuversicht.

Literatur

Berne, Eric. (2002). „Was sagen Sie, nachdem Sie Guten Tag gesagt haben – Psychologie des menschlichen Verhaltens". Rowohlt

Birkenbihl, Vera (1986). „Signale des Körpers – Körpersprache verstehen". mvg Verlag

Carlson, Neil R. (2004). „Physiologische Psychologie", Pearson Studium

Czikszentmihalyi, Mihaly. (2004). „Flow im Beruf – Das Geheimnis des Glücks am Arbeitsplatz". Klett-Cotta

Ebeling, Peter. (1995). „Rhetorik – der Weg zum Erfolg". Humbold

Enkelmann, Nikolaus B. „Einfach mehr Charisma". Wirtschaftswoche Sachbuch

Festinger, Leon. (1957). „A theory of cognitive dissonance". London: Tavistock Publications

Dámasio, António R. (2004). „Der Spinoza-Effekt: Wie Gefühle unser Leben bestimmen". Marion von Schroeder Verlag

Grande, Marcus. (2011). „100 Minuten für Anforderungsmanagement – Kompaktes Wissen nicht nur für Projektleiter und Entwickler". Vieweg+Teubner Verlag

Goethe, Johann Wolfgang. (1986). „Faust – eine Tragödie". Reklam

Goleman, Daniel. (1996). „Emotionale Intelligenz". Carl Hanser Verlag

Freud, Sigmund. (2003). „Vorlesungen zur Einführung in die Psychoanalyse und Neue Folge". Fischer

Hammann, Claudia. (1997). „Stimme – Mehr Ausdruck und Persönlichkeit". Graefe und Unzer Verlag

Harris, Thomas A.(1988). „Ich bin o.k., Du bist o.k. – Wie wir uns selbst besser verstehen und unsere Einstellung zu anderen verändern können – Eine Einführung in die Transaktionsanalyse". rororo Sachbuch

Kahler, Taibi (1977). „Das Miniskript". In Barnes, G. et al: Transaktionsanalyse seit Eric Berne, Band 2. Berlin G. Kottwitz

Kälin, Karl /**Müri,** Peter (1985) „Sich und andere führen – Psychologie für Führungskräfte und Mitarbeiter", Ott Verlag Thun

Maltz, Maxwell (1970). „So können Sie werden, wie Sie sein möchten", Goldmann Ratgeber

Molcho, Samy. (2005). „Körpersprache des Erfolgs". Ariston

Rautenberg, Werner, Rogoll, Rüdiger. (1982). „Werde, der du werden kannst – Anstöße zur Persönlichkeitsentfaltung mit Hilfe der Transaktionsanalyse ". Herderbücherei

Sanders, Tim. (2005). „Der Sympathiefaktor – Menschen erfolgreich für sich gewinnen". Scherz

Schopenhauer, Arthur. (1986). „Parerga und Paralipomeno – Die Welt als Wille und Vorstellung". Suhrkamp Verlag

Schulz von Thun, Friedemann. (1990). „Miteinander reden 1 – Störungen und Klärungen – Allgemeine Psychologie der Kommunikation". rororo Sachbuch

Schulz von Thun, Friedemann. (1998). „Miteinander reden 3 – Das innere Team und situationsgerechte Kommunikation". rororo Sachbuch

Storch, Maja, Cantieni, Benita, Hüther, Gerald, Tschacher, Wolfgang. (2006). „Embodyment – Die Wechselwirkung von Körper und Psyche verstehen und nutzen". Verlag Hans Huber

Trageser, Waltraud, Münchhausen, Marco von. (2000).„Die NLP-Kartei – Practitioner-Set". Junfermann Paderborn

Tucholsky, Kurt. (1975). „Gesammelte Werke". Reinbek bei Hamburg

Peale, Norman Vincent (1999). „Was Begeisterung vermag". Bastei Lübbe

Wiseman, Richard, Universität von Hertfordshire, Hatfield, Pressemitteilung zum Wissenschaftsfestival in Cheltenham

Watzlawik, Paul. (1995). „Wie wirklich ist die Wirklichkeit – Wahn, Täuschung, Verstehen". Piper

Vigenschow, Uwe, Schneider, Björn. (2007). „Soft Skills für Softwareentwickler – Fragetechniken, Konfliktmanagement, Kommunikationstypen und -modelle". dpunkt.verlag

Index